Descifrando el caos

Núcleos y cortezas: Nueva concepción
estructural de los sistemas naturales.

Carlos Pascual Morenilla

Descifrando el caos
Núcleos y cortezas: Nueva concepción estructural de los sistemas naturales.
Carlos Pascual Morenilla

Esta obra ha sido publicada por su autor a través del servicio de autopublicación de EDITORIAL PLANETA, S.A.U. para su distribución y puesta a disposición del público bajo la marca editorial Universo de Letras por lo que el autor asume toda la responsabilidad por los contenidos incluidos en la misma.

Diseño de la cubierta: Equipo de diseño de Universo de Letras
Imagen de cubierta: ©Shutterstock.com

Obra publicada por el sello Universo de Letras
www.universodeletras.com

Primera edición: 2025

ISBN: 9788410276819
ISBN eBook: 9788410277793

*A mi hermana Marité, que ha soportado
altruistamente mis aflicciones en los momentos
en que me sentía enredado en la estructura
cognitiva y gramatical de esta exposición.*

*A la memoria de Rafael Ruiz Girela
y Carlos Maeso Gruss, mis amigos.*

Índice

PARTE II: Dos extensiones elásticas

Introducción

Esta exposición se debe contemplar como una conclusión, surgida del análisis estructural de las extensiones que forman los conjuntos ordenados, llamados sistemas naturales.

Para ello, voy a examinar estos conjuntos como entidades extensas, considerando como extensión aquella propiedad que tienen los sistemas naturales de poseer, al menos, tres dimensiones: longitud, altura y profundidad.

Igualmente importante es observar que estos conjuntos están acotados por una «forma» que la naturaleza representa por una superficie geométrica, generalmente esférica, que permite observar en su interior al menos dos entidades diferentes, por su ubicación en dos lugares distintos: una región central llamada núcleo, y otra región periférica llamada corteza.

Siempre se han analizado estos sistemas naturales desde el punto de vista mecánico, es decir, como un conjunto de **partículas en movimiento**, que se estructuran por la actividad de **fuerzas**, generalmente externas a estas partes, cuya finalidad es modificar su movimiento natural uniforme y rectilíneo; esta modificación se observa bien por la aceleración en la que el movimiento no es uniforme, o bien cambiando su dirección de rectilíneo a curvilíneo.

Sin embargo, esta concepción mecánica podría haber cambiado con el descubrimiento de la evolución que se da en los sistemas estelares, que voy a denominar macrocósmicos; en ellos se observa una gran cantidad de partículas extensas, llamadas elementos químicos, que si bien poseen un movimiento caótico, también tienen diferente naturaleza extensa, que se manifiesta por su **constitución interna**, cuya propiedad más sencilla a tener en cuenta es la de poseer **diferente núcleo** y **diferente corteza**.

En el estudio de la evolución de este movimiento caótico, se observa que estas partículas tratan de llegar a un equilibrio que se manifiesta porque **las variables termodinámicas** (presión, volumen, temperatura, etcétera) **no cambian con el tiempo**; originando un orden que denominaré «equilibrio termodinámico».

Una vez llegado a este equilibrio, se observa que estas partículas tratan de **ocupar el lugar que le corresponde dentro de estos sistemas neoformados y lo hacen según su naturaleza cortico-nuclear**, formando **capas concéntricas**, hasta llegar a un nuevo estadio en el que estas capas se mantienen en el tiempo en el lugar que les corresponde, dando lugar a un nuevo «**equilibrio posicional**»; en él se descubre que los elementos químicos o sus compuestos **más densos** ocupan las capas centrales, mientras que los elementos o sus compuestos menos densos ocupan las capas corticales de estos sistemas.

Pero esta **evolución** no para aquí, sino que nos presenta una nueva actividad, originada por la interacción de las partículas que tratan de ocupar una posición definitiva; esto origina una nueva actividad que voy a denominar «tensión de curvatura», nacida porque las capas nucleares tratan de **ocupar el mínimo volumen con la mínima superficie**, mientras que las capas corticales tratan de ocupar el **máximo volumen con la mínima**

superficie, lo cual ocasiona que estas partículas traten de equilibrarse, y se consigue modificando la **estructura corticonuclear** de dichas partículas .

Hasta ahora, esta modificación corticonuclear de las partículas se ha analizado examinando la evolución solamente de los núcleos, cuyo nuevo equilibrio se consigue con la formación de un nuevo núcleo estelar (un ejemplo sería la llamada estrella de neutrones), semejante en naturaleza al núcleo de las partículas que proceden.

Sin embargo, la modificación de estas microestructuras nunca ha sido analizada a nivel de las microcortezas que, como se sabe, no desaparecen y, por ello, también participan en este nuevo estado de equilibrio, por lo que creo necesario hacer en esta introducción un pequeño resumen del proceso que me ha llevado a las nuevas conclusiones.

Fue Rutherford el que descubrió que estas partículas poseen un volumen, mal llamado volumen atómico, dentro del cual existe una región llamada núcleo y otra periférica a esta llamada corteza. También se descubrió que el volumen del átomo es unas 10^{15} veces mayor que el volumen del núcleo, siendo el resto el que corresponde a la corteza.

El problema surge al profundizar en las propiedades que le asignaron a la región cortical, donde descubrí que a dicha entidad cortical nunca se le han dado propiedades fisicoquímicas. Desde que Platón describiera su «chora»[1] y Newton lo tomara como su espacio absoluto, se consideraba a la extensión cortical como una entidad casi metafísica, sin actividad ni participación en la constitución de estas partículas, y mucho menos en la evolución de los sistemas macrocósmicos; como consecuencia de ello, en la física actual, nunca se ha analizado la evolución que sufren esas microcortezas en el proceso que he denominado «desestructuración cortical de las partículas».

---

[1]   Chora: Receptáculo extenso de las cosas creadas.

Fue al analizar la disposición que toman las partículas que forman los macrosistemas, cuando descubrí la relación entre el **orden posicional**, y la relación existente entre la **cantidad de extensión cortical** y la **cantidad de extensión nuclear** presente en la estructura de los microsistemas; lo que me llevó a pensar que la disposición entre las capas de estos macrosistemas podría no ser debida solo a fuerzas modificadoras del movimiento, como propuso la filosofía newtoniana, sino consecuencia de la relación entre **la cantidad** de estas dos microextensiones; siendo esta proporción el verdadero ente estructurador de los sistemas naturales cuando están en equilibrio posicional.

Esta posibilidad se puso de manifiesto cuando se descubrió que en la evolución de los sistemas macrocósmicos, los micronúcleos de las partículas tienden a formar un nuevo macronúcleo, lo que me hizo pensar en que, de la misma manera que los micronúcleos forman macronúcleos, las microcortezas darían lugar a macrocortezas, las cuales se formarían por su fusión en **una nueva macrocorteza**.

Esta posibilidad me llevó a deducir que la finalidad de estas microextensiones «discretas» nucleares y corticales es la de formar las macroextensiones «continuas» nucleares y corticales de los macrosistemas.

La realidad de una «corteza en los macrosistemas», proveniente de la «corteza de los microsistemas», me permitió confirmar esta posibilidad.

En esta exposición, trato de analizar cómo los sistemas naturales macrocósmicos son una consecuencia de la fusión natural de dos partes tridimensionales que forman los sistemas microcósmicos, cuyos núcleos tienden a constituir una enana blanca, o una estrella de neutrones, etcétera, y estas estrellas a formar los densos núcleos galácticos. Las cortezas de estas partículas, a su vez, serían las precursoras de la extensa corteza que rodea a los núcleos de los sistemas estelares, la unión de estas será la que conformará la extensa corteza que circunda al núcleo galáctico.

Estos procesos naturales llevarían a otra deducción lógica: pensar que los microsistemas, a su vez, procederían de la fragmentación primigenia, por la interacción en sus superficies limitantes, de una primigenia y extensa corteza universal y un extenso y primigenio núcleo universal, el cual llevó a una gran explosión nuclear (Big Bang), pero no procedente de una entidad inextensa (singularidad), como se piensa ahora, sino a una gran explosión de una entidad extensa nuclear, y lo hizo sobre esa otra entidad también extensa cortical que, a su vez, implosiona en la extensión nuclear, ambas preexistentes, cuya realidad se observa en las partículas existentes y cuyo eco aún perdura en la corteza universal en formación, descrita en mi **Teoría de la gran emulsión.**

PARTE I:

NÚCLEOS Y CORTEZAS

Capítulo uno:
Los núcleos y las cortezas como elementos de realidad

«El caos es un orden por descifrar».
El hombre duplicado, José Saramago

En la quinta conferencia de Solvay, después del triunfo de la interpretación de Copenhague, se reconocía la explicación probabilista, propuesta por Niels Bohr, que aceptaba que los fenómenos cuánticos son solamente perceptibles como transiciones indeterministas, *físicamente discontinuas entre estados estacionarios* discretos y, por ello, dan por explicados algunos fenómenos sin ninguna causa que los provoque.

Ante esta postura, Einstein, B. Podolsky y N. Rosen se preguntaron: «¿Puede considerarse completa la descripción de la realidad que proporciona la mecánica cuántica?», respondiendo con un manifiesto en el que concluían: «En una teoría completa hay un elemento correspondiente a cada elemento de realidad. Condición suficiente para la realidad de una magnitud física es la posibilidad de predecirla con certeza, sin perturbar el sistema».

Nunca se llegó a conocer ese «elemento correspondiente a cada elemento de realidad», *en lo que respecta* al llamado mundo cuántico; lo que llevó a la conclusión de que los acontecimientos subatómicos son solamente perceptibles como «transiciones indeterministas», *físicamente* discontinuas entre estados estacionarios discretos.

Sin embargo, existe un elemento de realidad presente en la estructura extensiva de estas partículas, en la que, independiente del observador, esté en reposo o en movimiento y, sin perturbar estos microsistemas, se descubre un orden expresado por la existencia dentro de ellas de un núcleo y una corteza, y en esta disposición no entra la aleatoriedad del mundo estadístico que llevó a analizar a estos microsistemas como estructuras indeterminadas, y que dio lugar a la interpretación de Copenhague y, con ella, al «principio de indeterminación», el cual establece que no se puede conocer simultáneamente con absoluta precisión la posición y el momento de una partícula.

Por otro lado, se observa que estas partículas, a su vez, son partes constitutivas de otro sistema natural que voy a denominar «macrosistema».

Si se observan estos **sistemas naturales**, desde el punto de vista estructural, se descubren dos elementos sencillos de la realidad expresados por:

Uno: su **extensión**, en el sentido de que poseen al menos tres dimensiones.

Dos: que esta extensión posee al menos dos extensiones diferentes, que poseen **un orden o disposición**, una que ocupa la parte central del sistema la región **nuclear** que, generalmente, corresponde a la millonésima parte del volumen de estos sistemas, mientras que la otra extensión se distingue por ocupar una extensión tridimensional diferente a la central: **la región cortical**, cuya disposición es periférica al núcleo y corresponde al resto de la extensión.

Demostrando que al menos existen dos elementos de la realidad: como es la extensión y la disposición de una extensión nuclear y la extensión y disposición cortical, y que estos dos elementos están presentes en todos los sistemas naturales con el cien por cien de certeza.

Por otro lado, esta estructura cumple lo que Bell trató de demostrar, que esta disposición es intensiva, es decir, no depende de la cantidad, por ello es independiente de su medida, allí donde existe un sistema se encontrará en él una entidad nuclear que ocupará o tratará de ocupar el núcleo, así como una entidad cortical que ocupa o tratará de ocupar la corteza de los sistemas.

Esta sencilla realidad no se ha tenido en cuenta, ya que los sistemas naturales solo han sido analizados como una realidad de partes cinéticas discontinuas llamada materia, que siguen un movimiento dentro de una extensión ideal que ni participa ni actúa sobre estas partículas. No analizando otra realidad natural que nace cuando estas partículas llegan a un estado de equilibrio, que se desarrollará posteriormente y que denomino estados «no cinéticos» o «en reposo», que se manifiesta cuando estas partículas mantienen su posición dentro de los sistemas en el tiempo.

Para analizar ese estado no cinético, he recurrido al «método de composición o síntesis» que, como Newton expuso, es el «suponer las causas descubiertas y establecidas como principios, para explicar con ellas los fenómenos, procediendo a partir de ellas y demostrando las explicaciones».

Si analizo las causas descubiertas y establecidas como principios, descubro una realidad propia de las estructuras naturales, y en ellas un orden expresado, **no** por la relación **posición-movimiento**, como se ha analizado hasta ahora, sino por la relación **posición-constitución**, que voy a denominar **disposición**.

Disposición

La observación de la naturaleza permite ver una inmensidad de conjuntos ordenados, llamados sistemas naturales, que manifiestan dos características universales, la primera y fundamental: la de ser extensos, en el sentido de poseer al menos tres dimensiones; la segunda, la no homogeneidad de dicha extensión, en el sentido de que en ella coexisten diferentes extensiones que permiten observar su posición y su constitución.

Un ejemplo sencillo de estos conjuntos dentro del grupo que se podría llamar macrocósmico sería el de nuestro planeta Tierra.

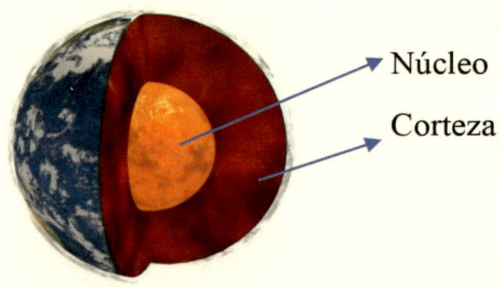

Núcleo

Corteza

En ella se descubre una forma y una disposición que es independiente de su movimiento, y está representada por una esfera que contiene un volumen, en cuyo interior se descubre que está formado por varias entidades diferentes, cuya posición no varía en el tiempo; lo cual permite descubrir una estructura en capas concéntricas, en donde cada capa representa un constituyente diferente, ofreciendo así un orden debido a la **relación disposición-constitución.**

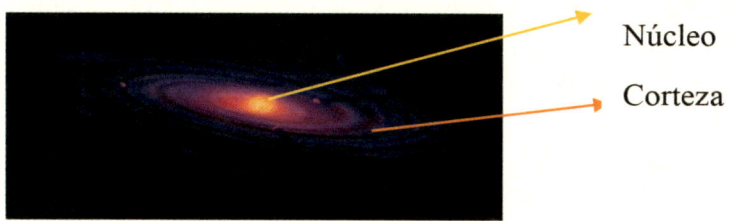

Núcleo

Corteza

Esta estructura también se descubre en otros sistemas de mayor magnitud, por ejemplo, el sistema solar, que, independientemente de su movimiento y del movimiento de los elementos móviles que posee en su conjunto, mantiene o tiende a mantener una estructura semejante; en la que se distingue una extensión nuclear diferente en constitución y disposición a la extensión cortical.

Núcleo

Corteza

El siguiente sistema en magnitud en el que se descubre la relación disposición-constitución es la galaxia, donde independientemente de sus movimientos y de las partes móviles que posee, se distingue una entidad central o núcleo y una corteza o galactosfera que rodea a este núcleo. Fue analizando estos sistemas naturales donde observé que en estas estructuras corticonucleares existe una relación entre el principio fisicoquímico de su constitución y la posición que ocupan.

Se sabe que el noventa y nueve por ciento de esa **entidad constituyente** que definió Isaac Newton como **cantidad de materia newtoniana**, se encuentra en el centro de estos sistemas, mientras que el resto es ocupado por una extensión ambigua llamada espacio interplanetario, interestelar, intergaláctico, etcétera.

A esto se le añade que, en todos estos sistemas mencionados existen unas relaciones geométricas entre las posición-composición de las capas que lo forman y el cuadrado del radio que, como se demostrará que esta función del cuadrado del radio, es propia de las capas esféricas; que se demostraría por una relación entre la «composición» expresada por la densidad ϱ **ponderal** y el cuadrado del radio que la poseen $k\mathbf{R}^2$.

En estos sistemas se descubre que la densidad ϱ **newtoniana** es mayor en las capas de menor radio, y que, al ser capas esféricas, esta relación quedaría expresada como la relación del inverso al cuadrado

$$\varrho = \frac{1}{kR^2},$$

esto llevaría a otra relación, que es la de curvatura $\odot$, que la geometría la relaciona con el inverso del radio

$$\odot = \frac{1}{R}.$$

Que relacionaría la relación directa de la densidad con la curvatura, a mayor curvatura del sistema mayor densidad newtoniana y viceversa.

Esta relación hasta ahora ha sido considerada como una consecuencia de la desviación que sufren los cuerpos cinéticos por la fuerza centrípeta de la gravedad, de origen desconocido y sin un lugar preferente, cuya consecuencia es el cambio del movimiento natural de carácter rectilíneo, en circular o curvilíneo, nacido del modelo mecánico newtoniano que relaciona curvatura con aceleración.

Este modelo cinético newtoniano no permitía analizar las sencillas estructuras de los sistemas naturales desde el punto de vista constitución-posición, por las razones que se irán describiendo.

Fue el análisis estructural de los sistemas, así como el cambio de modelo einsteiniano, lo que me permitió analizar desde otro punto de vista, asentado sobre un modelo interactivo de estas dos extensiones: la central expresada como materia newtoniana sobre otra entidad, si bien oscura en su concepto, llamada espacio-tiempo.

El movimiento de los planetas y demás cuerpos celestes permitió a la mecánica newtoniana analizarlos como una consecuencia de la **actividad a distancia** de fuerzas lineales que estructuran a estos sistemas, sin embargo, necesitó para ello de una extensión que al analizarla no participa en la estructura de estos sistemas.

En cambio, la proposición einsteiniana permitió considerar otra posibilidad para tener en cuenta. En primer lugar, modificó el modelo newtoniano, ya que, en vez de analizar fuerzas lineales vectoriales que modifican el movimiento rectilíneo, examinó la modificación de ese movimiento por tensores superficiales existentes en una gran masa, que interacciona sobre la superficie limitante de la extensión que «rodea» a estas grandes masas.

Este modelo einsteiniano permite descubrir nuevas posibilidades, una de ellas, no analizada, sería que, además de la actividad antes dicha, la existencia de otra posible interacción nacida de la ley de la reciprocidad[2] o la ley de acción-reacción[3], que permitiría considerar que la entidad cortical podría también interactuar sobre la entidad central, y que fuera **la interacción entre estas dos extensiones** la realidad de la formación de estas estructuras.

Por otro lado, existen otros dos descubrimientos que me ayudaron a analizar los sistemas naturales desde otro punto de vista y que podrían haber modificado los paradigmas establecidos sobre las propiedades de esas dos extensiones llamadas materia y espacio:

---

[2]   Reciprocidad: La actividad de una extensión actúa sobre la otra, de la misma manera que la otra actúa sobre la una.

[3]   Acción reacción: La actividad de toda extensión de diferente naturaleza ejerce sobre la actividad de la otra, y serían opuestas e iguales.

Uno fue el descubrimiento de que la constitución de los macrosistemas se debe a la aglomeración de partículas elementares. Otro fue que estas partículas elementales no eran entidades puntuales, sólidas y homogéneas, sino que poseían una estructura semejante a la cortico-nuclear de los macrosistemas; puesto que en ambos existe un núcleo que representa proporciones volumétricas y constitutivas, semejantes a las que se presentan en los macrosistemas al final de su evolución; es decir, sus núcleos ocupan la diezmilésima parte del volumen total del sistema, mientras que la corteza representa el noventa y nueve con novecientas noventa y nueve milésimas del total del volumen.

A su vez que, en ese núcleo se encuentra aproximadamente **el noventa y nueve por ciento de la masa newtoniana**, mientras que esa corteza que representa **el noventa y nueve con novecientas noventa y nueve milésimas de ese volumen** está constituida por esa entidad ambigua en propiedades físicas llamada **espacio físico** o **espacio vacío de materia**.

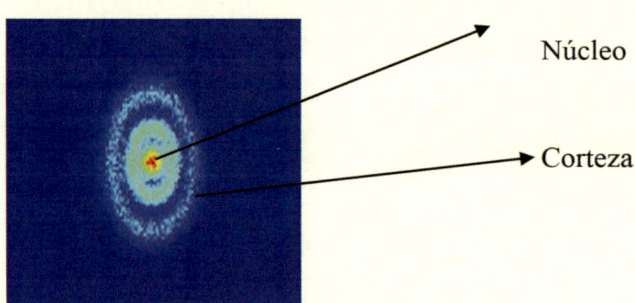

Núcleo

Corteza

Primera fotografía de un elemento químico real de Aneta Stodolna del instituto holandés AMOLF. *Physical Reviw Letter* en 2013.

Fue esta coincidencia estructural y constitutiva que se da entre los macrosistemas y los microsistemas naturales la que me hizo analizar a los conjuntos ordenados naturales desde otro punto de vista; para ello, habría que solventar una serie de problemas que parecen infranqueables desde el punto de vista mecánico y filosófico, ya que, **si bien los constituyentes y su disposición son los mismos**; en lo que respecta a la interpretación de las causas (tensores) estructuradoras de los microsistemas y macrosistemas, por ahora se consideran diferentes; esto me hizo buscar en las coincidencias estructurales algo que permitiera solucionar esa diferencia, pero antes vi necesario profundizar en los conceptos sobre los que se va a basar esta exposición como es el antiguo concepto de la **masa newtoniana** como constituyente del núcleo, y el complejo concepto de **espacio** como constituyente de la corteza.

Prontuario:

La idea central de este capítulo es proponer una nueva forma de observar la estructura de los sistemas naturales, tanto microcósmicos que se denominan partículas, como los macrocósmicos constituidos por planetas, estrellas, basándome en que todas ellas son entidades extensas con tres dimensiones: longitud, altura y profundidad; en la que estos sistemas extensivos están formados por dos regiones extensas, una parte central llamada núcleo y otra parte periférica llamada corteza que interfieren entre sí.

Capítulo dos:
La masa newtoniana como el componente extensivo y nuclear de los sistemas naturales

El núcleo de los sistemas

Cuando I. Newton definió su cantidad de materia (masa), nunca habría pensado que además de ser la causante de la inercia de los cuerpos, esta entidad también poseyera extensión y como tal ocupara, o tratara de ocupar un lugar preferente dentro de los sistemas naturales: **el centro**.

Si bien el concepto de cantidad de materia newtoniana fue hecho sobre una base empírico-matemática, donde se relaciona esta magnitud con la propiedad que poseen los cuerpos naturales llamada **inercia**, para entender esta exposición habría que recordar que este concepto nace de relacionar dos cantidades, una «el movimiento» y otra la «cantidad de materia».

Aunque la comprensión del movimiento es fácil de entender como el cambio de posición, o de lugar de un objeto físico, la «cantidad de materia» no lo es tanto, puesto que se trata de un concepto abstracto anterior a la filosofía natural newtoniana, que expresaba a esta como una entidad **constituyente** de los objetos naturales.

Por esta razón empezaré con el análisis de estos dos conceptos, uno sería el concepto de materia como constituyente de los cuerpos o partículas, y otro el concepto de materia como entidad inercial.

La materia filosófica

Los filosos griegos fueron los primeros que dieron el nombre de *hyle* a un concepto que los filósofos latinos tradujeron como *materia*, con ello quisieron representar a una entidad abstracta que abarcaba todas las **propiedades** que poseen los objetos naturales llamados cuerpos; estas propiedades son captadas por los sentidos: desde la sensación táctil, que sirve para distinguir diferentes texturas: lisa, rugosa; o la sensación calorífica que nos hace percibir la sensación de lo frío o lo caliente, o la sensación gustativa o la sensación de presión, o la sensación óptica, etcétera. Para ello habría que exponer la relación entre cuerpo y materia.

La materia como cuerpo

Por otro lado, el considerar esta entidad como constituyente de los «cuerpos», llevó a unir este concepto con el de su cantidad de materia; de hecho, Newton, en la explicación de su primera definición dice textualmente: «A esta cantidad llamo en lo sucesivo cuerpo o masa», aunque en realidad no es lo mismo, conceptualmente hablando, ya que el concepto geométrico de cuerpo surge como una explicación hecha para definir a los objetos naturales delimitados por su forma, en donde la forma actuaría de frontera de la cantidad extensa expresada en su contenido.

Quizás la mejor manera de entender este sutil hecho diferencial sea cuando se le asignan propiedades a estos cuerpos, ya que existen, por una parte, los **cuerpos matemáticos** donde solo se estudia la extensión y, por otra, los **cuerpos naturales**, en donde además de la extensión existe la llamada materia-constituyente; por ello habría que establecer relaciones entre la materia filosófica, la materia física y el volumen matemático; el mejor ejemplo es el concepto que la filosofía newtoniana denomina «cantidad de materia» y cómo lo utilizó para expresar sus *Principios matemáticos de la filosofía natural.*

Primera definición de la filosofía newtoniana

Newton comienza en su *Principia* con una serie de definiciones, siendo la primera la llamada **cantidad de materia**, que define de la siguiente manera: «La cantidad de materia es medida por su densidad y magnitud conjuntamente».

Si se profundiza en esta escueta definición, se descubre que en realidad no dice nada, ni desde el punto de vista filosófico ni del físico ni del matemático, ya que, en esta ambigua definición, no especifica a qué magnitud se refiere.

Por esta razón, más allá de la definición, hizo imprescindible un argumento explicativo, para matizar de qué magnitud física se trata, y qué es en realidad esa «densidad» de la que él define la cantidad de materia diciendo:

> El aire de densidad doble, en un espacio doble igualmente, es cuádruple en cantidad, y séxtuple en un espacio triple. Lo mismo ha de entenderse de la nieve y del polvo condensados por comprensión o licuefacción, y de todos los cuerpos que, por cualquiera causa se condensan. No me ocupo aquí para nada de un medio, si existiera cosa tal, que llene libremente el intersticio de las partes. Es esta cantidad la que en los sucesivo menciono bajo el nombre de masa o cuerpo. Lo mismo se da en conocer

mediante el peso de cada cuerpo, pues la masa es proporcional al peso, como he descubierto por experimentos muy precisos con péndulos, cuya exposición se hará más tarde.

Para analizar este escolio newtoniano, habría que desglosarlo en dos partes.

Un primer apartado que relaciona a la cantidad de materia con su estructura (formada por partes) y otro, en el que expresa qué es en realidad esa magnitud, llamada «cantidad de materia» o «masa», ya que expone cuál es la magnitud que se encuentra «dentro de» esa extensión delimitada llamada cuerpo y que determinaría su densidad que, como se verá, no es una entidad cualquiera, sino que es una magnitud que está relacionada con una entidad mecánica: «aquella que puede ser medida, bien por la balanza y/o el movimiento de los péndulos».

La explicación de la densidad y su relación con el volumen de las partes

La filosofía newtoniana quiere, sin profundizar mucho en ello, expresar que los cuerpos materiales no son un todo continuo, como defendían los continuistas, sino que es un todo formado por entes discretos o PARTES, en donde, igual número de partes (aire, nieve, polvo), puede ocupar diferentes «volúmenes»: «espacio doble igualmente, es cuádruple en cantidad y séxtuple en un espacio triple». Con esta explicación, la astuta y precisa filosofía natural newtoniana va introduciendo nuevas ideas, por ejemplo, quiere diferenciar sutilmente entre lo que es «el número de partes» y «el volumen ocupado por estas partes» que forman los cuerpos, dando a entender que la distancia entre el número de partes sería la que realmente definirían el volumen del cuerpo y con ello su densidad, dejando a esa otra entidad extensa que él denomina «espacio», como una entidad no inercial, que si no es «ocupada» por las partes, no es masa y, por ello, no es materia, y no posee otra propiedad más que ser el receptáculo de estas partes, así al considerar a ese: «espacio doble... espacio triple», como una entidad «al margen de los cuerpos», esto se pone de manifiesto en su *De Gravitatione*:

> Si decimos con Descartes que la extensión es cuerpo, ¿no ofrecemos explícitamente un camino al ateísmo?, puesto que la extensión no ha sido creada, sino que existe eternamente, y porque tenemos una idea absoluta de ella sin ninguna relación con Dios...

Que induce a pensar que la extensión no es cuerpo y que «sin partes, no hay volumen de los cuerpos»; serían estas «partes» las entidades delimitantes del cuerpo. Es más, deja intuir que sin partes no hay cuerpo, ya que, para él, el espacio no es «cuerpo».

Por otro lado, si bien admite una entidad extensa: que denomina espacio doble... espacio triple, lo utiliza sin analizarlo, no dice, por ejemplo, si es continuo o discreto, si forma o no «parte» de los cuerpos, y con ello induce a pensar que la densidad y el volumen de los cuerpos proviene de la capacidad de un cierto número de «estas partes», que al estar más o menos separadas entre sí, serían ellas las que ocuparían mayor o menor volumen, incluso llegó a más, para que no quedaran dudas de la poca importancia física que tenía «esta entidad espacial», ya que, sin querer o queriendo decirlo, tiende a quitarle su importancia física al decir: «No me ocupo aquí para nada de un medio, si existiera cosa tal, que llene libremente el intersticio de las partes». Esta idea filosófica, aunque no lo parezca, va a tener mucha importancia en la historia de la ciencia en general, y de la física en particular, en los siglos posteriores, donde fenómenos cuantitativos como los fenómenos electromagnéticos, ópticos, caloríficos, etcétera, al alejarlos de su concepto de cantidad de materia newtoniana, darían lugar al origen del flogisto del calórico y otros entes abstractos llamados «imponderables», que si bien fueron refutados desde el punto de vista «ponderal», nunca fueron tratados desde el punto de vista extensivo-voluminoso. Llevando la idea de extensión al concepto espacial de Roger Bacon que consideró al espacio como una «cantidad matemática extendida en las tres dimensiones y sin ninguna cualidad natural». Sin embargo, esto no ocurrió en su definición de masa, que si bien escueta, sí la define en el segundo apartado escribiendo:

> Es esta cantidad la que en lo sucesivo menciono bajo el nombre de masa o cuerpo. Lo mismo se da en conocer mediante el peso de cada cuerpo, pues la masa es proporcional al peso, como he descubierto por experimentos muy precisos con péndulos, cuya exposición se hará más tarde.

Es en esta segunda parte del escolio de la primera definición, donde la filosofía newtoniana muestra su nuevo concepto de cantidad de materia o masa. Por primera vez, en la historia de la filosofía natural, se relaciona la cantidad de materia, no con la extensión, como propuso Descartes, sino con lo que se podría decir una de las propiedades mecánicas de los cuerpos, descubierta por primera vez por Galileo: *la inercia*. Esta característica propia de los cuerpos materiales quedó expresada por la **resistencia** de estos a cambiar su estado de movimiento o reposo, a no ser que actúen unas entidades o fuerzas lineales vectoriales que cambien el movimiento rectilíneo y uniforme de los cuerpos en movimiento acelerado, donde la más significativa sería la fuerza de la gravedad, que fue origen de la diferenciación einsteiniana entre masa inercial y masa gravitatoria.

El hecho de que no se haya profundizado en este cambio de paradigma es porque, aunque somos herederos de la filosofía natural newtoniana, sigue en nosotros vigente el concepto cartesiano, de que la masa y el volumen de los cuerpos son la misma cosa; pero, si se profundiza, se descubre que no es así. Un ejemplo sería el cambio de magnitud del concepto de masa.

Cambio de magnitudes materiales

La cantidad de materia o masa de un cuerpo, según la filosofía natural cartesiana, es su extensión tridimensional; sus cantidades quedarían expresadas por «unidades cúbicas» y, por ello, un cuerpo cartesiano sería igual a otro cuando, independiente a otras propiedades (incluida la inercial o la ponderal), poseyeran los mismos volúmenes.

En cambio, los cuerpos newtonianos, para ser iguales, deberían poseer el mismo número de «puntos inerciales», independientemente de que ocupen más o menos volumen, cuya magnitud no se da en unidades cúbicas sino en «**gramo**s», aunque estos ocupen diferentes volúmenes. Estos gramos están representados por un número de «partes inerciales» y a su vez por su relación con la fuerzas, cuyo ejemplo es la fuerza gravitatoria, y su relación con el peso, como «partes ponderables» que serían las que representa esa **masa newtoniana**; esta nueva magnitud se podría llamar «gramos-inerciales», donde la masa no se caracteriza por su extensión voluminosa, sino por la variación de su cantidad de movimiento. Sin embargo, la habilidad de la mente newtoniana hizo que en cierta forma la inercia y volumen estuvieran relacionados por la densidad, dando lugar a una ambigüedad aun no resuelta.

La cantidad de materia y la extensión en los cuerpos newtonianos

Lo que no dejó claro la filosofía newtoniana, como se verá más adelante, fue si «su cantidad de materia» era «por sí misma» una **entidad extensa** o **no**; y de ser extensa, si esta ocupa un lugar preferencial dentro de los sistemas.

Fue el descubrimiento rutherfordiano el que me llevó a analizar los sistemas naturales desde otro punto de vista diferente a la concepción newtoniana de la materia y del espacio.

Aunque se podría deducir de su propia definición que la cantidad de materia depende de «su densidad», y para medir esta densidad es necesario medir el volumen del cuerpo (extensión) para saber su condensación; sin embargo, el «volumen» de esta «densidad», como se verá, no participa, según Newton, en la constitución de los cuerpos, aunque él sabía que una de las definiciones, tanto matemática como filosófica, de «cuerpo» es la de ser una **extensión, delimitada por una superficie cerrada**; condición sin la cual no se podría llamar cuerpo, ya que, antes de su definición, la definición de cuerpo era el ser *extenso*, pesara o no pesara, fuera luminoso u oscuro, estuviera caliente o frío, fuera dulce o salado, etcétera; por ello, la condición fundamental para llamar así a los objetos naturales era la de ser extensos, voluminosamente hablando. El problema surge en que, como ya se ha analizado, ese «volumen» no es debido solamente a la materia, sino también al **intersticio de las partes**.

Un ejemplo muy sencillo que serviría para explicar lo anterior es que los cuerpos naturales pueden poseer igual medida en la balanza, se pesen en un campo gravitatorio u otro; en cambio, su capacidad voluminosa es diferente, lo que mostraría que en los cuerpos con mayor volumen a igual «pesada» deberá de existir «alguna entidad» diferente a su «materia ponderal» que le hace ser extensos, lo que invita a preguntarse: ¿cuál es la «sustancia extensa no inercial o no ponderal» causante de dicha extensión?

Antes de dar respuesta a esta pregunta, quisiera poner un ejemplo muy sencillo, que también ayudaría a entender la idea newtoniana de su «masa-inercia», como son los nuevos conceptos de masa de los cuerpos, en la física actual, así como el concepto de volumen corporal y con ello el concepto de densidad.

Fueron las teorías que surgen en la revolución física de los siglos XIX y XX, sobre todo aquellas que nacen de las filosofías de Lorenz y de Einstein, las que cambiaron el concepto de la masa newtoniana, en la que, si bien sigue presente su realidad matemática (magnitud), sigue siendo una entidad ambigua desde el punto de vista de su densidad.

Para Newton, la masa de un cuerpo era la misma estuviera en reposo o en movimiento, sin embargo, siglos más tarde, según las ecuaciones de Lorenz, más adelante utilizadas con otro fin por Einstein, se dedujo que una masa en movimiento incrementa su «masa»; es decir, que una masa en reposo Mo, cuando es movida con una velocidad v, da lugar a una masa M´:

$$Mo \cdot v = M´$$

Donde M´ sería mayor que Mo. Pero esto lleva a una pregunta: ¿a qué masa se refiere, a la masa inercial o a la cantidad voluminosa del cuerpo? Y lo digo, porque esta nueva concepción lleva a un dilema aún no resuelto, que induce a pensar que masa y velocidad serían las dos caras de una misma moneda; esta concepción llevó a un nuevo concepto de energía, donde masa y energía vienen a tener la misma consideración ontológica. Lo que ocurre es que este incremento de masa, en este caso particular, se refiere a la masa inercial y no al volumen de los cuerpos, porque si se refiriera a su volumen entraría en una contradicción lógica con respecto a la masa y su relación con su densidad; esta contradicción surge de «otra propiedad» que ambos (Lorentz y Einstein) dieron a la masa en movimiento, en la que se deduce que un corpúsculo de masa Mo y volumen Vo, con el movimiento se «contrae», y al «contraerse» en sentido físico-matemático poseería menor volumen que en el estado de reposo, y llevaría a que un corpúsculo de masa Mo en movimiento, además de tener más masa, tiene, a su vez, menos volumen, lo que incrementaría su densidad. De nuevo habría preguntarse: ¿de qué masa y de qué volumen se está hablando? Ya que es evidente que masa y volumen no es lo mismo. Aún se complica más cuando se descubrió que las «partes» de los elementos químicos, además de poseer masa-nuclear poseían volumen-corteza, y llevaría de nuevo a cuestionarse: ¿cuándo un cuerpo se contrae o se dilata, a qué parte extensiva de esos corpúsculos corresponde, al núcleo de estos elementos químicos o a sus cortezas? Esta serie de preguntas me llevaron a otra.

¿Consideraba la filosofía newtoniana que su «masa», que además de ser una entidad inercial, fuera una entidad extensa, y en el caso de ser extensa, qué le hace ocupar un lugar privilegiado dentro de los sistemas naturales?

Aunque esta pregunta parece en un principio una contradicción, creo que tiene más trascendencia de lo que podría parecer, como iré explicando.

La realidad voluminosa de los cuerpos y de los sistemas naturales es un hecho inexorable, ya que, por definición, para que un objeto físico se considere cuerpo o sistema, además de ser inercial, tiene que ser extenso. Si no es extenso, no se le puede llamar cuerpo o sistema. Ahora bien, ¿cómo explica la filosofía newtoniana la extensión de los cuerpos?

Para la filosofía newtoniana el volumen de los cuerpos no existiría sin partes en movimiento (cantidad de movimiento), ya que la idiosincrasia de la masa es su movimiento; sin movimiento de «las partes» los cuerpos no «ocuparían volumen». Sin embargo, el concepto de estado de reposo, implícito en la ley de inercia, contradice un poco el concepto del volumen y llevaría a una duda: si la inercia es una propiedad intrínseca de la masa, las partículas materiales en reposo ¿desaparecerían?, ya que ellas, como se verá, por sí solas, no son consideradas extensas, al proponer Newton que las «partes» constitutivas de los cuerpos estaban formadas por **puntos materiales**.

Estas deducciones las hago sobre la base de la propia filosofía natural newtoniana, que trató de responder a lo anterior recurriendo a reglas filosóficas muy interesantes y que, si se profundiza en ellas, llevan la extensión de los cuerpos a la ambigüedad de la abstracción matemática; lo hace en los últimos capítulos de su *Principia*, sobre todo en la parte que corresponde a las «Reglas para filosofar», en concreto en la explicación de su «Regla III», que dice: «La extensión, dureza, impenetrabilidad, movilidad es inercia del todo, resultan de la extensión, dureza, impenetrabilidad movilidad e inercia de las partes, y de ello deducimos que las partículas mínimas de los cuerpos son también extensas...» (el subrayado es mío).

De lo que se podría deducir que en «parte de la extensión de los cuerpos», además, de su «inercia», también participaría la propia extensión de las partículas que forman estos (aquí habría que decir que la filosofía newtoniana desconocía la estructura de estas partículas) sin embargo, este argumento se contradice cuando al hablar de la divisibilidad de los cuerpos dice:

> Por otra parte, que las partículas divididas pero contiguas de los cuerpos, puedan separarse unas de otras es asunto de observación, y en las partículas que permanecen indivisas nuestras mentes son capaces de distinguir partes aún menores como se demuestra matemáticamente. Pero no podemos determinar con certeza si las partes así distinguidas y no divididas aún puedan ser efectivamente divididas y separadas unas en otras por las fuerzas naturales.

Es aquí donde la mente matemática de Newton quiere aplicar a «sus partículas» el concepto de partículas matemáticas; si se profundiza en este párrafo, ya no habla de partículas fijas o móviles ni de entidades extensas y contiguas, sino de la continuidad de las partes que constituyen la masa de los cuerpos, es decir, que, si estas partes se pueden «dividir» hasta el infinito, llevan ineludiblemente al concepto de «punto matemático», que, como entidad *inextensa*, deja muchas dudas. Sin embargo, este problema quedará zanjado años más tarde en su *Óptica*, con la invención de su **punto material**; siendo estos puntos los verdaderos formadores de los cuerpos y poseedores de una materia compuesta por *n* partículas últimas, inercialmente homogéneas, que se agrupan jerárquicamente para dar origen a las sustancias químicas.

De esta manera, la filosofía newtoniana induce a pensar que los cuerpos sensibles no requieren partículas extensas, ya que, para explicar el volumen de los cuerpos y con ellos su extensión, recurre al concepto de «punto material», donde el concepto de «punto» proviene de una abstracción matemática: el punto matemático-euclidiano que en las *Definiciones* de Euclides, se expresa como esa entidad geométrica «que carece de partes, y de magnitud» e introduce la existencia de una entidad inextensa: el punto; eso sí, paradójicamente, la definición euclidiana establece un axioma muy curioso que dice: la agregación infinita de estos puntos son los «formadores» de las extensas superficies y/o cuerpos matemáticos, que si bien son compatibles con los axiomas matemáticos, resultan ambiguos si se analizan desde el punto de vista de los cuerpos naturales; que, como se sabe, no están formados por «infinitos puntos inextensos», sino por finitos corpúsculos extensos, como siglos más tarde se descubriría.

Si bien esto no ocurre con el punto material newtoniano, ya que se diferencia del punto euclidiano en que el punto newtoniano, aunque inextenso como el punto euclidiano, posee una «cantidad discreta de inercia», pero esta inercia **no es extensión**, sino que es **movimiento**, lo que, indirectamente invita a pensar que la extensión de los cuerpos es debida, única y exclusivamente, al movimiento de puntos inextensos, por lo que la masa de esos cuerpos en realidad sería una cantidad finita de puntos, inextensos pero discretos en su movimiento, que induce a pensar que el movimiento de lo inextenso sería el responsable del volumen y la masa de los cuerpos.

Como ya se ha explicado antes, esta idea newtoniana está y ha estado, sin percatarnos, muy introducida en la filosofía de la ciencia actual, tanto que, si se profundiza en este concepto de lo inextenso, se observa la idealización matemática, en la que la física actual está inmersa.

Si se profundiza en los análisis físicos actuales, se descubre en ellos un significado matemático muy grande; y si bien han llevado a grandes hallazgos físicos, desde el punto de vista lógico resultan ambiguos; un ejemplo de esto se observa en los nuevos conceptos de **singularidad**, presentes, entre otras teorías, en la del Big Bang, donde una entidad inextensa y energética eclosiona en la «creación» de entidades extensas del universo actual; lo mismo ocurre, pero en sentido contrario, con la idealización de un agujero inextenso y negro, que no es otra cosa que la suma de infinitas «extensiones» nucleares que paradójicamente dan lugar a una entidad inextensa, pero con cantidad muy grande de masa newtoniana, capaz de producir una singularidad, que no es otra cosa que un eufemismo de «un punto inextenso».

Es decir, que, con estas definiciones, la filosofía newtoniana deja muy poco margen a que la cantidad de materia o masa pueda ser una entidad extensa *per se* y, por ello, de ocupar un lugar dentro de los cuerpos, fuera de su carácter mecánico.

Sin embargo, este pensamiento newtoniano pudo haber cambiado tres siglos después con el descubrimiento hecho por Rutherford, demostrando que los elementos químicos poseen un volumen (volumen atómico), dentro del cual existe un núcleo cuyo volumen supone la diezmilésima parte del volumen atómico, en el que está concentrado el 99,99999 % de la masa newtoniana.

Por ejemplo en el hidrogeno cuyo volumen atómico posee un radio de **0.79 Å**, el volumen de su núcleo, solo tiene un **radio de $3 \cdot 10^{-4}$ Å**, que **representa el 99,99999 % de la masa del hidrógeno**. Esto me permitió descubrir la existencia de dos extensiones: una central, el núcleo extenso (masa newtoniana), y otra, la corteza extensa, que participa tanto como los núcleos en la formación de las extensiones de este microsistema. Pero para ello habrá que bajar a esa extensión cortical de sus conceptos filosóficos newtonianos, y así entenderla como otra **naturaleza de la naturaleza**, como una entidad extensa que, igual que el núcleo, constituye la realidad de los elementos químicos, y que, de la misma manera que el núcleo por fusión da lugar al núcleo final de los macrosistemas; las cortezas de estos elementos químicos podrían ser por su agregado coalescente, la extensión que rodea al núcleo de los macrosistemas.

Prontuario:

En este capítulo trato de exponer las diferencias existentes entre las propiedades que se le dieron al concepto de la filosofía griega llamado materia y el de la cantidad de materia newtoniana. Mientras que los griegos tomaron este concepto como una entidad constitutiva, para la filosofía newtoniana es una entidad mecánica, lo que ha llevado a paradojas aún no resueltas.

Capítulo tres:
El espacio físico como constituyente extensivo y cortical de los sistemas naturales

En el capítulo anterior he analizado la masa newtoniana y su posición de dominio en el núcleo de los sistemas naturales, y ahora voy a analizar la extensión que rodea al núcleo como otra extensión diferente a la nuclear, que ocupa la periferia de estos sistemas; para llegar a esta conclusión voy a profundizar en lo que hasta ahora se ha llamado espacio físico.

Para ello voy a considerar a este llamado espacio físico como la otra naturaleza extensiva de la naturaleza, y sería la entidad formadora del dominio cortical de los sistemas naturales.

Del espacio filosófico al espacio físico

Habría que comenzar exponiendo que, al igual que la materia, el concepto de espacio pasó de ser un concepto filosófico a ser un concepto físico, pero, a diferencia del concepto de materia, el concepto del espacio tanto filosófico como físico, en sí mismo, siempre estuvo definido por propiedades muy ambiguas, tanto que el mismo Einstein en su libro *Teoría especial y general de la relatividad*, dijo que el espacio físico es «una oscura palabra que no dice nada».

Creo, sin embargo, que la ambigüedad de este concepto ha sido debida a la ambigüedad de las propiedades que se le han atribuido.

Existen muchos significados del concepto espacial que van desde las concepciones metafísicas que lo consideraban como **un receptáculo del sensorio divino**, a las concepciones fisico-matemáticas, expresadas por una relación geométrica lineal entre los cuerpos, o como el lapso dimensional vectorial que nace del intervalo recorrido por un móvil. Sin embargo, este concepto toma otra dimensión si se utiliza como una extensión que **ocupa y constituye la periferia de los sistemas naturales**.

En esta exposición voy a considerar al espacio como una extensión natural, tan ocupante de los sistemas naturales como la materia nuclear newtoniana, y que, al igual que la masa newtoniana, ocupa un lugar en los núcleos de los sistemas naturales; voy a considerar al espacio como una extensión cortical que conforma «la periferia de los sistemas naturales», tanto macrocósmicos como microcósmicos.

Para llegar a esta conclusión sería necesario profundizar en esta «oscura palabra» (espacio), que pasó de ser una abstracción filosófica, que se confunde con su concepción matemática, a ser una realidad fisicoquímica.

El espacio filosófico y su conexión con el espacio físico

Se podría resumir diciendo que el concepto de espacio, como el de materia, nace con la antigua filosofía griega y proviene del análisis de dos conceptos filosóficos: «el lleno», denominado *pleon;* y el «vacío», denominado *kenon*, que los filósofos latinos denominaron *spatium* y de ahí la palabra «espacio».

La mayoría de los filósofos griegos, con Aristóteles como máximo representante, creyeron que el universo era un **lleno** (*pleon*) de materia, no admitiendo el **vacío de materia** (*kenon*), término propuesto por los filósofos atomistas que, para explicar el movimiento de los cuerpos, necesitaron de este concepto nuevo llamado *kenon*.

Los atomistas concibieron a este espacio como una especie de «no ser», identificándolo con la «nada»; este vacío permitía que los cuerpos materiales se desplazaran por él; ya que esta «nada» era la ausencia de propiedades que llevaría al concepto contrario a la materia, en donde la materia sería «el ser», y el vacío de materia el «no ser», representando al vacío de materia como una entidad no perceptible, por carecer de propiedades.

Sin embargo, otras corrientes filosóficas dedujeron que este «no ser», para que los cuerpos se desplazara por esta entidad, debería *ser extenso*, puesto que no se concibe movimiento «sin una **extensión** por la que se desplacen»; también dedujeron que si esta entidad poseía «extensión», suponía la *existencia de una propiedad*: «la de ser extensa», lo que llevaría al absurdo, debido a que, «si ese *kenon*-vacío era extenso» y la extensión una propiedad de la materia, supondría que el espacio al ser extenso no era la nada, y si no era la nada, sería materia.

Así lo entendió Platón, sobre la base de que el «no ser» no podría «ser» «ni existir», y por ese hecho, de existir esta entidad extensa, debería considerarse materia; pero Platón también se percató de que una entidad extensa, «diferente a los cuerpos», era muy congruente con el análisis del movimiento de estos, por ello, para solucionar este problema, la filosofía platónica inventó un nuevo concepto filosófico, que denominó *chôra*, recurriendo a una argucia, la de concebir una entidad que siendo extensa no era materia, una especie de receptáculo que permitía a la materia desplazarse por ella. Como ya he dicho, esta idea platónica es muy importante en la historia de la filosofía y en la física, porque fue la que tomó Newton, y por su peso intelectual fue adoptada también por la filosofía natural, así como las ciencias naturales en su definición de espacio, y es el paradigma actual.

Platón describe el *chôra* en su *Timeo* como un «receptáculo de lo visible devenido y completamente sensible, es una cierta especie invisible, amorfa, que admite todo y que participa de la manera más paradójica y difícil de comprender de lo inteligible».

Si expongo esta definición antes de hacer su análisis conceptual, es porque tiene mucho que ver con el espacio absoluto newtoniano, donde considera a esta extensión como *un receptáculo divino, continuo, ilimitado, tridimensional y homoloidal*, en el que una figura dada puede ser matriz de un número infinito de figuras a diferentes escalas, pero asemejándose unas a otras, a la que añade la propiedad de la isotropía, ya que en ella no existe una dirección preferente; y cuya finalidad era servir para el desplazamiento de los cuerpos, sin ninguna actividad sobre los mismos; todo lo anterior lo hizo la filosofía newtoniana por la necesidad de concebir un receptáculo que permitiera la inercia de los cuerpos y que no tuviera ninguna actividad sobre estos cuerpos.

El espacio newtoniano

Newton, en su *Principia*, define dos espacios: uno relativo, que tiene que ver con las distancias recorridas y su relación entre los cuerpos, y otro el espacio absoluto, como entidad propia y diferente a la materia:

a. «El espacio absoluto, tomado en su naturaleza, sin relación a nada externo, permanece siempre similar e inmóvil». El

espacio está en reposo absoluto (o con un movimiento rectilíneo uniforme) y no sufre ningún tipo de modificación, es
un agente que actúa por sí mismo, pero sobre el cual no se
puede actuar.

b. «Todas las cosas están situadas... en el espacio según el orden
de situación» . En términos ontológicos, el espacio es anterior a los cuerpos: no solo los contiene a todos, sino que
seguiría existiendo aun cuando todos ellos desaparecieran.

c. Es inobservable, «las partes del espacio no pueden verse o
distinguirse de otras mediante nuestros sentidos», «es realmente dificilísimo descubrir y distinguir de modo efectivo
los movimientos verdaderos y los aparentes de los cuerpos
singulares, porque las partes del espacio inmóvil donde
se realizan esos movimientos no son observables por los
sentidos».

Es precisamente su último apartado el que lleva a confusión
al decir: «las partes del espacio no pueden verse o distinguirse de
otras mediante nuestros sentidos». Esta concepción inexorable-
mente nos traslada a un mundo platónico y no al mundo empíri-
co, que es el que él trataba de exponer; también, al decir «partes»,
nos podríamos preguntar si estas partes no son observables, cómo
sabe que son «partes» y no «un todo continuo».

Si se analiza en profundidad el espacio newtoniano, se descubre que con estas definiciones quería introducir un espacio
filosófico que lo confunde con el *sensorio divino*, más relacionado con el *chora* platónico que con el vacío de materia de los
atomistas. Entre otras cosas, porque esta entidad espacial newtoniana le venía muy bien para su ley de inercia, ya que, al carecer
de actividad mecánica sobre los cuerpos, o como dice él, «al no
sufrir ningún tipo de modificación, es un agente que actúa por
sí mismo, pero sobre el cual no se puede actuar»; era imprescin-

dible para la inercia de sus cuerpos. Si considerara a esa entidad extensa como una entidad modificable y modificadora, implicaría que estos cuerpos no siempre estarían en movimiento rectilíneo o en reposo, pues si ese espacio influyera sobre estos cuerpos, el movimiento «natural» sería el acelerado y no rectilíneo uniforme, o bien, estos cuerpos, por su rozamiento con él, conducirían al reposo y, de esta manera, se contradeciría el principio de inercia, perfectamente comprobado y experimentado por Galileo. Por supuesto, esta extensión ni ocupaba lugar preferente dentro de los sistemas naturales ni tendía a ocupar ningún lugar, ya que en realidad: **era el lugar**[4].

También quiero exponer aquí, por la importancia que ha tenido dentro del concepto espacio, el que surgió de la filosofía de Leibnitz, porque este espacio, si bien es contrario al newtoniano, influyó también en el concepto de espacio físico.

El espacio de Leibnitz

Este filosofo, si bien niega la idea del espacio absoluto newtoniano, considera al espacio no como un objeto físico, como la materia, sino como una relación entre los cuerpos; pero al igual que Newton, nos introduce en una entidad ambigua; si bien diferente a sus *mónadas*, se podría considerar como una **creación** de las mismas, y como la filosofía newtoniana, no considera al espacio una entidad natural que ocupa un lugar preferencial dentro de los sistemas. Leibnitz considera:

> el espacio como una cosa puramente relativa... como un orden de coexistencia. Pues el espacio señala en términos de posibilidad un orden de las cosas que existen al mismo tiempo, en tanto que existen conjuntamente, sin entrar en sus peculiares

---

[4]   El lugar: Extensión ocupado por un cuerpo, que si bien diferente al cuerpo, no tiene ninguna propiedad física.

maneras de existir; y en cuanto vemos varias cosas juntas, nos damos cuenta de este orden de cosas entre ellas.

El espacio de Leibnitz es un sistema de relaciones, desprovisto de existencia. Los cuerpos existentes definen unas relaciones de distancia o situación a partir de las cuales construimos los conceptos de lugar y espacio, pero estos conceptos no se refieren a nada existente por sí mismo. Si se profundiza, el espacio leibniziano se parece mucho al espacio de las físicas modernas que, en términos ontológicos, dirían que no hay nada más que cuerpos y a partir de ellos podemos encontrar ciertas relaciones entre los mismos.

El espacio de Leibnitz coincide con el de Newton en que los cuerpos no actúan sobre esta entidad que rodea a los cuerpos.

Del espacio no actuante de Newton y Leibniz al espacio susceptible de deformación de Faraday-Maxwell

Fue en los fenómenos electromagnéticos donde Faraday descubre que esa entidad vacía que «rodea a las cargas» se puede modificar con una entidad llamada carga; pero Faraday fue más allá; basándose en el *principio de reciprocidad*, dedujo acertadamente que esta extensión cortical también poseía actividad sobre el movimiento, dirección y disposición de estas cargas: para definir a esta entidad cortical utilizó un nuevo concepto, llamado *campo de fuerzas*, que él consideraba como «efectos transmitidos por las líneas de fuerza, algo así como el camino o el vehículo de las acciones magnéticas», en donde «estos caminos» eran una realidad en sí misma; esta explicación hace pensar que se acerca más a la idea de una entidad «extensa activa», que describió como «una sustancia, sujeta a los esfuerzos correspondientes y transmisora de ellos; esta sustancia se distingue de la materia común y sus diferentes estados deberían permitir explicar todas las fuerzas entre los cuerpos». Lo que no dejaba claro es que esta sustancia, en «ausencia de cargas», podría poseer una actividad tensora **por sí misma**, aunque, eso sí, su «reciprocidad» dejaba entreverlo.

Sin embargo, esta proposición no tuvo mucho éxito, porque Gauss cambia por completo la proposición de Faraday y utiliza el concepto de fuerza newtoniana para explicar los flujos electromagnéticos «a distancia», expresados por una especie de «líneas curvas» que emanan (fluyen) de las cargas, en donde el espacio seguiría siendo una entidad tan metafísica como el espacio absoluto newtoniano.

Fue Maxwell el que, si bien toma la idea matemática de Gauss, le da un carácter más sustancial como el que le dio Faraday, en lugar de considerar a esta sustancia como una extensión propia, la filosofía maxwelana utilizó una antigua entidad que la filosofía aristotélica llamó éter y, con ello, además de explicar la actividad de las cargas sobre ella y de ella sobre las cargas, le sirvió para explicar las perturbaciones que se producían por la interacción de ambas; lo que le llevó a demostrar que una entidad corporal actúa sobre otra que la rodea y esta a su vez actúa sobre la entidad corporal.

El espacio-tiempo de Einstein

Einstein describía al espacio como la realidad de un campo electromagnético:

> El campo electromagnético se ha transformado con esto en un estado del espacio y ha adquirido un estatus ontológico a la par con la materia: el mundo físico está hecho de materia y campos; ambos entes son portadores de atributos físicos sustanciales como energía, momento, etcétera.

Con esta afirmación, la filosofía einsteiniana del campo **como un estado del espacio** está expresando una entidad extensiva capaz de tener diferentes modos físicos, sin embargo, no deja claro el concepto del espacio en sí, ya que parece confundirse, bien con la «distancia recorrida por un móvil» como ocurre en su *Teoría especial de la relatividad*, o bien con una entidad geométrica tetradimensional, que es perceptible por la **interacción con una gran cantidad de materia newtoniana** como ente creador del campo, en su *Teoría general de la relatividad*.

De hecho, lo describe en su *Teoría especial de relatividad* como: «la descripción de los estados físicos presupone el espacio como algo que viene dado de antemano y que lleva una existencia independiente».

Diferente a la concepción del espacio en la *Teoría de la relatividad general que* la describe:

> el espacio no tiene existencia separada de «aquello que llena el espacio», de aquello que depende de las coordenadas»; en esta teoría «el espacio vacío, es decir, un espacio sin campo no existe. El espacio-tiempo no tiene existencia por sí mismo, sino únicamente como una cualidad estructural del campo». En términos más generales: «es la idea del campo —dice Einstein— como representante de lo real, en combinación con el principio de la relatividad general, la que muestra el verdadero meollo de la idea cartesiana: no existe espacio «libre de campo».

Con esto, Einstein pasa de analizar el concepto de espacio como una «oscura palabra» en la *Teoría especial de la relatividad*, a otra diferente en la *Teoría general*... que, si bien ambas surgen de una abstracción matemática, sus caminos probatorios provienen de ideas diferentes, una del campo magnético de Maxwell en su homogeneidad del espacio y tiempo, y la otra de la geometría de Minkowski, siendo este último el que me lleva a considerar al espacio-tiempo como una entidad **elástica**, ya que puede ser «deformada» por la actividad de una gran cantidad de masa nuclear, que modifica esa entidad extensa cortical que rodea a la masa. Lo que ocurre es que esa entidad tetradimensional, sin esa «gran cantidad de masa», por sí sola, sigue siendo en la *Teoría especial de la relatividad*, tan ideal como el espacio newtoniano.

Pero, más allá de esa entidad ideal geométrica, la filosofía que surge de ella sugiere, por primera vez, un nuevo pensamiento, que invita analizar a los sistemas naturales como conjuntos formados por dos entidades extensas, una central y material activa, y otra diferente, el espacio-tiempo, sensible a la actividad de la «cantidad de materia nuclear»; este espacio-tiempo, a diferencia del espacio newtoniano, puede ser perturbado por una gran cantidad de materia central; que si bien ocupa una extensión tetradimensional, es «por sí misma» una **extensión que puede ser perturbada**, cambiando la idea newtoniana que decía que: «El espacio está en reposo absoluto (o con un movimiento rectilíneo uniforme) y no sufre ningún tipo de modificación, es un agente que actúa por sí mismo, pero sobre el cual no se puede actuar».

Curiosamente, las proposiciones einsteinianas podrían haber llevado a un nuevo punto de vista, si se hubiera asociado con el descubrimiento hecho tres años antes de la publicación de la *Teoría general de la relatividad*, cuando Rutherford describió una nueva estructura de los llamados elementos químicos; en la que se distinguían dos partes diferenciadas, una extensa y central (núcleo) y otra parte extensa y cortical (corteza); el problema es que esta nueva disposición fue asociada a la estructura de un microsistema solar, en donde la zona cortical, quitando a los corpusculares electrones, se pensaba que era de la misma naturaleza e «inactividad» que la zona interplanetaria del sistema solar; esta zona cortical seguía siendo un conductor de líneas de fuerza que fluían, no permitiendo con ello otra posibilidad, como la de considerar a esa entidad cortical que rodea a los núcleos, una entidad *discreta* o discontinua que ocupa y conforma la corteza de los elementos físicos y es origen por su fusión-coalescente de la entidad continua que rodea a los cuerpos celestes.

La extensión cortical de Rutherford

Cuando Newton definió su espacio absoluto, nunca pensó que este pudiera ser una entidad extensa y discreta, que ocupa un lugar dentro de los microsistemas naturales: la corteza.

Para Newton, como ya he comentado, el espacio era el «lugar»; de hecho, en el *De gravitatione*, define este «lugar» en el sentido del *espacio ocupado por un cuerpo*, que *si diferente al cuerpo*, no le da ninguna propiedad física, sino más bien propiedades metafísicas, al decir que era el «sensorio divino», como ya he comentado, aunque, al contrario de los filósofos atomistas, tampoco lo consideró como «la nada» o «el no ser»; él mismo lo define como «"algo" diferente a "la nada"»: «No hay idea de la nada ni tiene propiedades y, sin embargo, tenemos una idea excepcionalmente clara de la extensión [...] Y, además, muchas de sus propiedades están asociadas con esta idea».

Por lo tanto, Newton se propone enumerar estas propiedades, «no solo para mostrar que [el espacio] es algo, sino qué es».

La filosofía newtoniana nunca consideró que materia y espacio, si bien extensiones diferentes en su constitución, también tuvieran propiedades fisicoquímicas diferentes, lo que se demuestra por el hecho de tratar de «ocupar» lugares distintos; y que ambos tuvieran un lugar preferente dentro de los sistemas naturales, como describiría Rutherford al exponer la estructura de los llamados elementos químicos, en cuyo modelo admite la existencia de dos extensiones distintas, corteza y núcleo. De nuevo, el problema está en el paradigma de las propiedades que se han dado al espacio que, si bien ocupa una extensión, se sigue considerando la misma entidad continua y homogénea que forma la corteza de los macrosistemas y que no permite suponer que «por sí misma» sea una entidad discreta, limitante de las partículas, ocupando un lugar en la periferia de los microsistemas, diferente en cantidad, pero no en naturaleza a la entidad continua de los macrosistemas.

Aunque la filosofía newtoniana consideraba que los cuerpos estaban formados por «partes» en continuo movimiento, nunca pudo pensar que estas partículas individualmente poseyeran una estructura semejante a los sistemas que él observó en el macrocosmos.

Esta posibilidad me llevó a la siguiente pregunta: ¿es igual el espacio que «rodea» a los núcleos de los elementos químicos y el espacio que «rodea» a las estrellas?

El espacio estelar y la corteza de los elementos químicos

A esta pregunta, la respuesta que da el paradigma científico actual es: **sí**. Pero, como voy a exponer, existe otra posibilidad que surge si se analiza la extensión que rodea a los núcleos desde otro punto de vista.

Esta idea surge al pensar que de la misma manera que se descubrió que la constitución del núcleo último de las estrellas de neutrones es igual en naturaleza, pero diferente en cantidad al núcleo de los elementos químicos, se podría pensar que las cortezas de los elementos químicos son de la misma naturaleza pero con **cantidad** y **actividad diferente**, a la entidad cortical existente en las estrellas, y que llevaría a pensar que, dicha entidad se forme por fusión de las microcortezas de los elementos químicos.

Para satisfacer a esta pregunta habría que analizar las cortezas de los microsistemas así como las de los macrosistemas, que, aunque de la misma naturaleza, son diferentes en actividad según su cantidad, y que llevaría a un pensamiento filosófico expresado en este aforismo[5]: *omnis extensio ab alia extensione*, es decir, que «toda extensión procede de otra extensión», y a este otro; *ad naturalem extensiones nec creantur nec destruuntur, sed remanent*, «las extensiones naturales no se crean ni se destruyen, sino que permanecen». Para ello, habría que analizar desde otro punto de vista la evolución de las extensiones que conforman los sistemas naturales.

Prontuario:

En este capítulo se trata de exponer la **evolución** de las propiedades del **concepto espacio**, el cual, de ser considerado en un principio una entidad surgida del pensamiento griego, expresado por el **no ser** (la nada), pasó con Descartes a ser tenido como una **realidad extensa** que se confunde con la materia, y de ahí a una **entidad sobrenatural** (sensorio divino) por Newton, o en esa misma época ser considerado por Leibnitz como una entidad que «surge» de la **relación entre los objetos**, para posteriormente llegar al cambio drástico propuesto por Faraday-Maxwell como una naturaleza de la naturaleza, consecuencia de una interacción entre **carga-campo**; este concepto fue ampliado a la interacción **masa-campo** propuesta por Einstein que, tras el descubrimiento de Rutherford, podría considerarse como la corteza discreta de estos microsistemas; todo el anterior proceso me llevó a la posibilidad de considerar la corteza de los microsistemas como una entidad discontinua al igual que los núcleos, y que, como ellos, por fusión, lleva a una entidad continua que rodea a los núcleos de los macrosistemas.

---

[5] Aforismo: una sentencia que pretende expresar una idea profunda de manera concisa.

Capítulo cuarto:
Los núcleos y las cortezas de los microsistemas como extensiones discontinuas que evolucionan a núcleos y cortezas como extensiones continuas en los macrosistemas naturales

En los dos capítulos anteriores he tratado de exponer que los sistemas naturales están constituidos por dos extensiones tridimensionales discretas en los microsistemas, o bien por una entidad central y otra periférica continuas en los macrosistemas.

Del discontinuo caótico al continúo ordenado

La astrofísica nos muestra que los macrosistemas naturales están formados por una ingente cantidad de partículas en movimiento, y que estas siguen un proceso en el tiempo, totalmente determinado y denominado **evolución cósmica**.

El estudio de la evolución cósmica informa que las partículas de estos macrosistemas siguen estadios totalmente diferenciados.

Periodo termodinámico

El primero, que se podría denominar **proceso termodinámi-co**, está basado en el comportamiento cinético de las partículas que lo conforman, cuya finalidad es que estas partículas traten o tiendan a un equilibrio, que se concreta cuando los paráme-tros macroscópicos estudiados, llamados presión, temperatura, volumen, etcétera, se mantienen inalterables en el tiempo, que por esta razón llamaré **equilibrio termodinámico**.

Periodo posicional

Sin embargo, la observación de la evolución de los sistemas macrocósmicos lleva a que estos sistemas no permanecen en ese estado, ya que le sigue el segundo estadio, que es muy sutil y se podría considerar posterior al termodinámico, que se observa con el paso del tiempo, donde estas partículas cinéticas tienden, según **su constitución, a ocupar lugares diferentes dentro del sistema**, cuya finalidad es llegar a otro equilibrio que voy a deno-minar **equilibrio posicional**, que ocurre cuando cada partícula permanece en una posición dentro del sistema en el tiempo.

La observación de la evolución de las partículas que forman estos sistemas surge un nuevo estado como consecuencia de dos actividades de estas partículas: una la tendencia de dichas partícu-las a **ocupar el lugar que le corresponde** dentro del sistema, y otra la tendencia a **poseer la mínima superficie**; ambas tenden-cias dependerían de la relación entre la cantidad nuclear y cortical de estas partículas. Si se analiza este nuevo estado, se descubre la formación de capas concéntricas de esas partículas cuya posición depende de la naturaleza constitutiva.

Se sabe por la estática de fluidos que existe una tensión interna en cada fluido que le hace que se coloquen cuando forman estos sistemas en capas, según su naturaleza.

Periodo de descomposición particular

El análisis de este nuevo estado de los macrosistemas no me voy a centrar en los cálculos sino en la posible causa de dicha estructura. Hasta ahora se ha pensado que la estructura en capas era debida a una fuerza externa que actúa normalmente sobre las partículas del sistema, y esta fuerza está relacionada con la masa-inercia de cada partícula o compuestos de estas: la llamada fuerza de la gravedad.

Nunca se ha considerado que esta actividad fuera debida a dos actividades propias de estas dos extensiones, que en el caso de las partículas se manifiesta por la relación entre su cantidad nuclear y su cantidad cortical y que en el caso de las partículas o sus compuestos en cuya composición predomina la extensión nuclear sobre la cortical (**N**/C), tratan **de ocupar el mínimo volumen con la mínima superficie**, y su equilibrio dentro del sistema forman las capas nucleares que lo consiguen ocupando el **centro del sistema**, mientras que, por otro lado, aquellas partículas o sus compuestos en los que predomina la extensión cortical sobre la extensión nuclear (N/**C**), su equilibrio lo consiguen ocupando el máximo **volumen con la mínima superficie** es decir conforman las capas corticales.

La realidad de la tendencia a ocupar la mínima superficie se observa en todos los fluidos cuando están en caída libre, o en «lugares» donde la actividad gravitatoria es «cero», mientras que la actividad de ocupación se observa en los fluidos que forman los cuerpos celestes donde sus partículas o sus compuestos, que poseen mayor cantidad de núcleo que de corteza ocupan los lugares centrales, mientras que los que poseen mayor cantidad de corteza que de núcleo ocupan los lugares corticales de los sistemas.

La naturaleza, una vez que se ha establecido esta estructura corticonuclear, ofrece otra actividad nacida de la misma estructura que se mide por el **tensor de curvatura**, que puede ser tensor de curvatura convexa y tensor de curvatura cóncava, que depende de la naturaleza de estas capas origen de dos tensores que voy a denominar tensor material o tensor de curvatura convexa y otro que voy a denominar **tensor cortical** o tensor de curvatura cóncava; ambos depende del **lugar** del sistema donde se realiza, por ello este tensor está supeditado a la capa en que se mida siendo mayor a menor radio, que al estar formados los sistemas por capas esféricas la relación es del **inverso del radio al cuadrado** $1/kR^2$, en el caso del tensor nuclear y la relación del radio al cuadrado kR^2 en el caso del tensor cortical que, como se ha analizado antes, se puede relacionar con la curvatura de los sistemas.

Esto da lugar a un desequilibrio según capa que, al estar formadas estos sistemas por partículas, estas tratan, según su naturaleza, de llegar a un nuevo equilibrio adaptativo y lo hacen **desestructurando** su constitución interna.

Desestructuración particular

Si se estudian los sistemas desde el punto de vista termodinámico, solo se observa la cantidad de movimiento de las partículas constitutivas, y esto según la segunda ley de termodinámica lleva a un estado llamado entropía, en el que estas partículas llegan a un equilibrio térmico, pero los macrosistemas del universo informan de otro estado que ocurre en los eventos posteriores, como es primero la ordenación en capas y posteriormente la desestructuración de estas partículas; en este último estado, la entropía no tiene cabida porque el orden en este nuevo estado ya no depende del movimiento, sino que se observa por la desestructuración de las partículas constitutivas.

Por otra parte, dentro de esa desestructuración solo se ha analizado la desestructuración de la porción nuclear de las partículas y su evolución, en las que estas tratan de ocupar por su naturaleza el centro del sistema que por fusión da lugar a la formación de un nuevo núcleo; sin embargo, nunca se ha considerado ni estudiado lo que ocurre con las cortezas de estos microsistemas que, como analizaré, también tratan de llegar a un nuevo equilibrio, primero desestructurándose y luego fusionándose en nuevas cortezas.

Se sabe que en el proceso evolutivo de las partículas que forman los macrosistemas, sus núcleos forman un nuevo núcleo que en el caso de algunas estrellas da lugar a estrella de neutrones, y en las galaxias a la formación de los núcleos galácticos, pero también se observa que alrededor de estos núcleos existe una «nueva corteza de mayor magnitud».

Jamás se ha pensado que la corteza de los nuevos sistemas pudiera proceder de las cortezas de los microsistemas.

Si se analiza la proporción de estos dos constituyentes extensivos existentes en los microsistemas, se observa que guardan la misma proporción que el existente en los macrosistemas en sus últimos estadios de su evolución.

Para llegar a esta nueva explicación sería necesario profundizar en estos estados de equilibrio descritos, y para ello habría que analizar no solo sus características cinéticas, por los cambios posicionales, sino que hay que analizar los cambios de estructura que ocurren en los microsistemas llamados elementos químicos que forman estos macrosistemas.

Estadios en la formación de los macrosistemas (descifrando el caos)

De la caótica cinética de las partículas del macrocosmos a la ordenada ocupación en equilibrio posicional de estas

Sería necesario repetir que, si bien en la termodinámica se estudian los sistemas físicos como una representación de partículas discontinuas en continuo movimiento caótico, siendo ellas las responsables de las variables intensivas macroscópicas, que son medidas por los termómetros, manómetros, eudiómetros, calorímetros, etc., los cuales permiten medir y describir el estado de estos sistemas.

La medición de estos parámetros en el tiempo indica que estas partículas tienden a llegar a un estado en el cual las variables macroscópicas no varían con el tiempo, llamándose a este estadio «equilibrio termodinámico» que, aunque, la termodinámica nos dice que es caótico, es medible por estos parámetros macroscópicos. Una vez llegado a este estadio se observa que estas partículas que denomino microsistemas, si bien cambian de posición, **no cambian en su estructura corticonuclear**.

Del caos del equilibrio termodinámico al orden del equilibrio posicional

Una de las características que surgen en los equilibrios termodinámicos de un conjunto de partículas de diferente naturaleza, es su evolución perfectamente establecida, que va de estar en un régimen de movimiento aleatorio, a otro estado cuyo orden se observa por la disposición que toman las partes según su naturaleza; llegado el cual y si se analiza su composición sobre la base de la concentración de estas partículas, se descubre que este «movimiento» ya no es tan caótico, sino que van tomando posiciones en capas ordenadas, en las que se descubre que existe una variación de la concentración de las diferentes partículas según su naturaleza, hasta llegar a un estado donde la posición y composición de estas capas no varía con el tiempo, y que da lugar a una situación ordenada que he denominado **equilibrio posicional**.

Análisis del equilibrio posicional

Cuando las partículas de diferente naturaleza que forman un sistema natural llegan al equilibrio posicional, su análisis no se puede hacer por la presión, temperatura, volumen, etcétera, ya que se mantienen en una posición constante en el tiempo. Por lo tanto, habría que analizar este nuevo equilibrio posicional desde otros parámetros, que se descubren si se analizan estas capas de partículas en «reposo posicional» con respecto al sistema; en este análisis se observa una relación existente entre una cantidad que se puede medir por su extensión voluminosa y otra cantidad medida por la balanza, siendo esta relación una magnitud intensiva descubierta por Arquímedes, llamada densidad, en la que, al analizar estas capas se descubre que esta densidad varía con la posición ocupada, lo que invita a preguntarse: ¿qué es en realidad esa densidad?

Según el modelo newtoniano, la densidad sería la relación entre su masa gravitatoria y el volumen que ocupa un «cuerpo», pero esta relación, como se ha expuesto en los dos capítulos anteriores, crea una duda a la hora de expresar qué es esa masa y qué es en realidad el volumen de los cuerpos.

La filosofía newtoniana no considera que el volumen de los cuerpos sea una consecuencia de la constitución de las partes que la forman, sino una consecuencia del comportamiento de la «inercia de sus partículas», donde volumen y movimiento se confunden; un volumen formado por igual número de partículas (masa newtoniana) y diferente movimiento sería igual en densidad al mismo volumen de un cuerpo con menor número de partículas, pero con mayor cantidad de movimiento; es decir, que un cuerpo puede poseer el mismo volumen, aunque la naturaleza de las partículas sea diferente; así, un grupo de partículas cuya masa es un gramo pero con un movimiento de diez metros por segundo es lo mismo que un cuerpo formado por partículas con cuya masa es 10 g pero con una velocidad de estas partículas fuera de un metro por segundo. Esto conduce a que partículas de igual composición se diferencien unas de otras por su mayor o menor cantidad de movimiento; es decir, que las mismas partículas ocupan mayor volumen que las mismas partículas con menor cantidad de movimiento; lo que conduce a la ambigüedad que la misma cantidad de partículas pueda tener «diferentes densidades»; el ejemplo más sencillo es el volumen observado por una misma cantidad de partículas de la misma naturaleza, que cuando su cinética cambia, da lugar, en su totalidad a diferentes volúmenes, que se traducen a los estados sólido, líquido y gaseoso y, por consiguiente, diferentes densidades; esto lleva a deducir que el volumen del sistema es debido a la «actividad» de las partículas, e induce a pensar que la naturaleza de las partículas no interviene en el volumen del sistema, ya que las distancias entre las partículas son tan grandes que el tamaño de la partícula es despreciable.

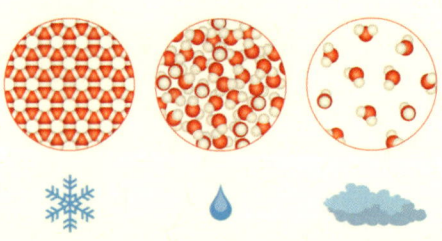

Sin embargo, si se analizara la estructura de los macrosistemas formados por partículas permitiría, por primera vez, descubrir otro modelo explicativo de la densidad, basado en el descrito por Rutherford, donde la densidad de las capas de estos macrosistemas no es solo dependiente de la cinética de las partículas, sino que también podría ser dependiente de la estructura interna de las partículas que forman dichas capas, nacida de la relación de la cantidad de núcleo y cantidad de corteza individual que ellas poseen.

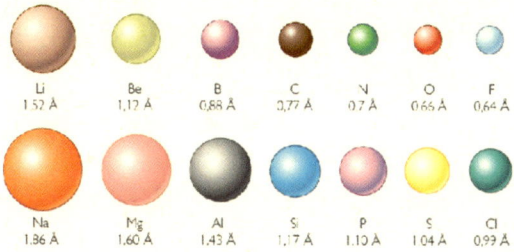

En equilibrio posicional se observa que las partículas en las que relación núcleo-cortical es mayor la del núcleo, se dispondrían en la región central del sistema, mientras que las que poseen mayor cantidad de corteza que de núcleo se dispondrían en la corteza, un ejemplo de esto lo ofrecen los isótopos (elementos químicos que poseen diferente núcleo pero igual corteza); si existiera un planeta formado solo por ellos, se descubriría que las posiciones más centrales estarían ocupadas por aquellos que poseen mayor cantidad de núcleo, mientras que las partes más corticales de este «planeta» estarían formados por los que poseen menor cantidad de núcleo, siendo esta **densidad particular** la responsable de la disposición de las capas de este planeta isotópico y demostraría que esta relación núcleo/corteza influye en su disposición, donde se descubre que, llegado a ese estado, la consideración cinética de estas partículas es relativa, ya que están en reposo posicional.

Masa molar y densidad de disposición

Fue el análisis de la masa molar (la masa por cantidad de sustancia), y su relación con el núcleo y la corteza de las partículas; la que me hizo analizar una nueva densidad que voy a denominar **densidad de disposición**.

La densidad de disposición nace al analizar la densidad desde otro punto de vista, basado en la naturaleza cortico-nuclear de las partículas y estas con la estructura expuesta por Rutherford.

El descubrimiento de la estructura de los elementos químicos, como verdaderos representantes constitutivos de los fluidos que forman los sistemas macroscópicos, así como la variabilidad periódica de su núcleo (cantidad de masa) y la variabilidad periódica de su corteza (capa electrónica), fue la que me hizo pensar que esta variabilidad pudiera ser la responsable última de la formación en capas de los sistemas macroscópicos.

El que no se haya pensado en esta proposición es, en cierta forma, porque la *Teoría cinética de los gases* no permite analizar a estos sistemas de otro modo, ya que esta teoría conlleva la idea de unas partículas cinéticas, basada en unas entidades «puntuales», casi eternas e indeformables, como formadoras del volumen de los sistemas; de hecho, en cualquier gas en un recipiente con la presión de una atmosfera, a la temperatura de cero grados centígrados, el volumen ocupado es de veintidós con cuatro litros, y este volumen es independiente de la naturaleza del gas, es más, dentro de ese recipiente también existe una cantidad fija de partículas y esta cantidad también es independiente de la «naturaleza de las partículas», expresado por el número de Avogadro[6].

Si bien estos hechos están comprobados empíricamente, no están en contradicción con otra posibilidad que nace al analizar los sistemas desde el punto de vista ponderal y con ella desde el punto de vista estructural.

Por ejemplo, si se toma un mol de cualquier gas a una atmosfera y cero grados centígrados, ocupa un volumen de 22,4 l. En cambio, si «pesamos» este volumen, se observa que, según el gas utilizado, posee diferente peso, es decir, que desde el punto de vista «ponderal» estos gases tienen propiedades diferentes, lo que llevaría a que, según la definición de densidad, si tienen diferente valor ponderal también tendrían densidades diferentes,

---

[6] Número de Avogadro: Número de partículas constituyentes de un mol de sustancia ($6,02214 \times 10^{23}$ moléculas).

porque el volumen es el mismo; si bien ocupan 22,4 l, al ser su peso diferente, originaría densidades diferentes, lo que me llevó a pensar que si tuviéramos un cuerpo celeste formado por estos gases ocuparían lugares diferentes.

¿Qué ocurriría si se tomaran ingentes cantidades de diferentes gases cuyas propiedades cinéticas se igualaran a 2,726 grados Kelvin, temperatura media del universo? A esta temperatura la termodinámica informa que la cinética de estas partículas es muy pequeña, y si se forman capas en estos sistemas, no sería por su cinética, como hasta ahora se ha explicado, sino que podría ser por la naturaleza corticonuclear de estas, lo que significaría que dicha formación en capas no es solo debida a la cinética de estas partículas, sino a **algo más** expresada por su naturaleza expresado por su relación núcleo/cortical; esta diferencia depende de la densidad particular de estos elementos constituyentes de los macrosistemas.

Como ya he comentado, si estas partículas se dejaran en un sistema natural, en un «lugar» gravedad cero, se descubriría que estas formarían un «sistema natural» ya que ellas «tienden a disponerse en diferentes lugares», siendo aquellas que poseen «mayor densidad particular», las que tratan de ocupar el centro, y las que tienen menor densidad en la periferia de estos sistemas. Este experimento ya lo ha hecho la naturaleza formando planetas, estrellas y galaxias en las que se ve esta disposición, como se observa de manera natural en los cuerpos celestes.

Esta nueva perspectiva lleva a un pensamiento más profundo que surge de la misma naturaleza: ¿por qué aquellas partículas en las que predomina la masa nuclear sobre la llamada corteza se encuentran en el núcleo de los sistemas y, en cambio, las que predomina la corteza sobre la masa nuclear se disponen en la periferia?

Como se ha expuesto en el capítulo tercero, **la masa**, además de la definición dada por la física newtoniana, basada en la inercia de los cuerpos a mantener su movimiento o en la resistencia a cambiar su estado cinético, también se podría definir, después del descubrimiento rutherfordiano, como **aquella entidad extensa que trata de ocupar un lugar en los sistemas naturales: el centro**; a su vez, esto llevaría también a una nueva definición de esa otra oscura extensión que denomino corteza-espacio, que podría definirse como **aquella entidad extensa que trata de ocupar un lugar en los sistema: la periferia**.

Al analizar **la posición** de los elementos en los sistemas macrocósmicos se descubre que aquellos que poseen mayor cantidad de núcleo que de corteza se disponen como la masa que constituye los elementos químicos en el centro de los sistemas, mientras que aquellos elementos que poseen mayor «cantidad de corteza» que cantidad de núcleo se disponen, como en los elementos químicos, en la periferia.

Si se aplicara el concepto de densidad arquimediana, es decir, la cantidad de masa dividida por el volumen de estos elementos individualmente, ofrecerían una realidad de densidad que definiría mejor la naturaleza de estas partículas.

Esta aplicación nace de observar, por un lado, que el movimiento de caída de un móvil es independiente de la naturaleza, de la forma o de la cantidad de este móvil (ley de caída de los cuerpos de Galileo), pero, por otro, también se sabe que estas partículas, llegado a un «**lugar dentro del sistema de partículas que ellas forman**», **cesan en su movimiento de caída** permaneciendo en ese lugar estable a no ser que otra entidad de diferente naturaleza la modifique, y se descubre que estas siguen un orden perfectamente establecido y que, a **diferencia de su movimiento de caída, la disposición que toman estas «partículas "inmóviles o en reposo relativo" con respecto al sistema sí depende de la naturaleza de estos constituyentes»**.

De nuevo, quiero hacer hincapié para exponer esta realidad analizando dos de los sistemas naturales más estudiados que forman la Tierra y el Sol, en los que se demuestra que es la densidad de sus partes constitutivas y no su cantidad de movimiento la responsable de esta estructura.

Donde se descubre una estructura que está formada por una serie de capas «estáticas», o en «relativo reposo» entre ellas, es decir, que han llegado a un equilibrio posicional, y en ese estado es donde se descubre que esta disposición depende de la densidad de las capas que lo conforman.

Origen de esta estructura

Esta estructura ha sido estudiada, no por la tendencia de cada partícula a ocupar el lugar que le corresponde, como supuso la intuición aristotélica, sino por la actividad de una fuerza, al parecer externa a estos sistemas, que actúa sobre la propiedad que poseen estas partículas dependiente de su naturaleza cinética, en la que se supone seguirían un movimiento rectilíneo y uniforme; a no ser que esta fuerza les modifique ese movimiento haciéndolo acelerado, como se demuestra en la caída de los graves, donde es dicha fuerza y no la naturaleza de los corpúsculos la verdadera entidad estructuradora de los sistemas.

Esta fuerza externa llamada gravedad, que por su componente centrípeto actúa sobre la tendencia inercial rectilínea y en cierta forma «centrífuga» de las partículas, que haría que los corpúsculos materiales con mayor «cantidad de materia newtoniana» se «dispongan» en los centros; pero al depender la inercia de la cantidad de movimiento (m·v) de estas partículas, también sería su **movimiento** el responsable de esta disposición, de tal manera que las que poseen más movimiento, sería su cinética y no su masa las que las sitúe en la periferia; de esta manera se explicaba el origen de los núcleos y las cortezas en los sistemas naturales.

Pero cuando se expuso esta regla, si bien era conocida la densidad de las «sustancias químicas», se desconocía lo que se denomina **peso y el volumen atómico** y, con ello, la «naturaleza interna de estas partículas» y su «estructura».

Fue precisamente el conocimiento de esta estructura y su relación con el peso y volumen atómico, junto con el hecho de que estas partículas tienden a llegar a un equilibrio termodinámico, lo que me permitió analizar la disposición de las sustancias en los sistemas naturales desde otro punto de vista.

Según mi opinión, no sería solo la cantidad de materia homogénea y una fuerza centrípeta que actuara sobre ella la que estructurara estos sistemas, sino que también podría ser la relación entre la cantidad nuclear y la cantidad cortical existente en cada partícula.

Por ejemplo, si existiera un cuerpo celeste formado por una mezcla de gases en condiciones normales termodinámicas, se descubriría el nitrógeno, de masa atómica (m.a,) 14,006 y densidad 0,81, oxígeno de m.a. 15,994 y densidad 1,429, flúor de m.a.18,498 y densidad 1,653, cloro de m.a. 35,453 y densidad 3, argón de m.a. 39, 948 y densidad 1,78, llegado a su equilibrio termodinámico, se descubriría que forman capas esféricas, como ocurre en la disposición de los planetas conocidos, pero al estudiar estas capas, se encontraría una cierta contradicción a la hora de explicar su **disposición**, ya que, según el modelo «newtoniano» basado en la cantidad de masa atómica, sobre la que actúa centrípetamente la fuerza gravitatoria y estructuradora de esta disposición, sería el argón de mayor masa atómica el que debería ocupar el centro, al poseer mayor cantidad de masa, a él le seguiría el cloro, de menor masa, después el flúor, a este el oxígeno y el más externo sería el nitrógeno, de menor masa atómica.

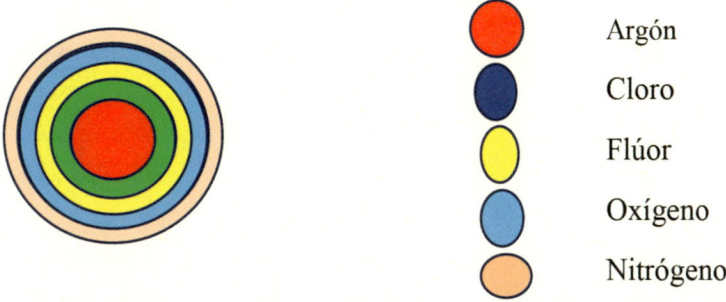

Argón

Cloro

Flúor

Oxígeno

Nitrógeno

Sin embargo, la realidad que nos ofrece la naturaleza de este «cuerpo celeste artificial» no es la misma, ya que el núcleo estaría ocupado por el cloro (d: 3), pero menor masa que el argón, al que le seguiría argón (d:1.78) ,el flúor (d: 1.7), el oxígeno (d: 1,429), el nitrógeno (d: 0.81), es decir, el orden no dependerá de la «cantidad de masa atómica», sino de su «densidad particular», expresada por la relación individual entre su cantidad nuclear y cortical.

Cloro

Argón

Flúor

Oxígeno

Nitrógeno

Aunque lo anterior, depende de muchos factores, sin embargo, me hizo pensar que la realidad disposicional podría depender de la relación entre la cantidad nuclear y la cantidad cortical de estas partículas, y ser esta la responsable de esta diferencia en la estructuración en capas, cuando los componentes de estos sistemas, una vez llegado el equilibrio termodinámico, llegan a un equilibrio posicional, en donde no solo es el componente nuclear el causante de esa disposición, sino «algo más».

Este «algo más» me hizo pensar en el «volumen total» de estas partículas, que se demostraría en el llamado empuje de estos gases y su relación con el volumen particular de los mismos y con las llamadas fuerzas centrífugas, donde la disposición que toman estos gases al centrifugarlos no es tampoco en relación a la masa expresada por su peso molecular, sino en relación con la densidad particular expresada por su cantidad de corteza; es decir, que si introdujéramos estos gases en una centrífuga que actuaría sobre la masa inercial particular, la disposición sería la contraria a la distribución gravitatoria, debido a que esta fuerza centrífuga, además de intervenir sobre la cantidad de materia nuclear, también lo hace sobre la «cantidad de corteza» individual de estas partículas.

Aunque parezca extraño, y analizándola desde otro punto de vista, esta **ordenación** fue descrita por Aristóteles hace más de dos mil cuatrocientos años, que denominó *entelequia*, en la que expresaba la tendencia que tienen las extensiones de la naturaleza a ocupar el lugar que le corresponde según su densidad, hasta llegar a un estado de equilibrio, siendo esta tendencia la responsable de su disposición.

La disposición de los elementos según Platón y Aristóteles

Aristóteles observó que si en un recipiente introducimos arena, agua y aire, estos se depositan en un orden que denominó disposición, donde la arena ocuparía el fondo del recipiente (centro), le sigue el agua (capa) y a esta le sigue el aire (corteza); astutamente pensó con las herramientas filosóficas que él poseía, que esta disposición era debida, según su ingeniosa interpretación, a que la arena estaba constituida mayormente por un ambiguo elemento que llamó «tierra», además de ser «seca» y «fría», tenía la tendencia a ocupar el centro de un sistema del que formaba parte, y que era diferente a otra entidad que llamó «agua», cuya propiedad era la de ser húmeda y caliente y trataba de ocupar otra capa periférica a la anterior; periférica a esta entidad se encontraba otra entidad que él denominó «aire», cuyas propiedades eran las de ser caliente y húmedo y se disponía en la parte superior; pensó que todo el universo seguía esa disposición dentro de su sistema universal y le llevó erróneamente a que la Tierra formada por «tierra» era el «centro» de este universo, a la que le rodeaba el elemento agua, que llamó hidrosfera, y a ella le circunvalaba el elemento aire, al que llamó atmosfera. A su vez, pensó que los cuerpos presentes en la naturaleza eran mezclas de estos elementos, y que según la cantidad en la mezcla constitutiva, darían lugar a nuevas capas, cuyo fin no era otro que la tendencia a ocupar el lugar que le corresponde, según la cantidad de mezcla de tierra, agua, aire, fuego.

El análisis científico del punto de vista aristotélico es erróneo, sin embargo, si se analiza desde otro punto de vista según los conocimientos actuales, se podría llegar a una conclusión parecida en la que sería la **masa newtoniana** y no la tierra el elemento que trata de ocupar «según su naturaleza» «el centro» de los sistemas naturales, mientras que la corteza y no el aire sería el que trataría de ocupar la periferia de dichos sistemas; así las sustancias químicas, mezcla de ambas, tratarían de ocupar según su «cantidad» de núcleo o corteza las diferentes capas de los sistemas, lo que a su vez, podría llevar a un punto de vista nuevo, para explicar la estructura de los sistemas naturales y no serían necesarias «fuerzas lineales exteriores» de origen desconocido, sino que serían la relación entre núcleo y corteza de cada elemento los verdaderos entes estructuradores de los sistemas naturales.

Es de esta manera, como la naturaleza está indicando un principio que se resume en una propiedad muy sencilla que, en el caso de una extensión nuclear, ya sea discreta o continua, es la de poseer por ella misma un «tractor-tensor» que hace que la extensión nuclear **trate de ocupar el menor volumen con la menor superficie** dentro de los sistemas, siempre y cuando se lo permita la extensión cortical, en la que a diferencia del tractor nuclear existe un tractor-tensor cortical que **tiende a ocupar el máximo volumen con la mínima superficie**; ambas extensiones tratan de llegar a un equilibrio que se pone de manifiesto en la **superficie limitante o discontinuidad** entre estas extensiones y llevaría a que estos tractores superficiales sean los responsables de **la actividad de curvatura**, antes expuesta, y que se explicará más adelante.

Sin embargo, la idea de «fuerzas estructuradoras lineales» es un paradigma tan introducido en la física que es difícil exponer otras posibilidades, sin hacer uso de ese modelo. Tanto es así que en el caso de la estructura elemental descubierta por Rutherford, que fue explicada por Niels Bohr, utilizando fuerzas lineales dinámico-cinéticas, que al no encajar con las propiedades que emanaban de las fuerzas lineales gravitatorias, fueron sustituidas por otras fuerzas que años antes habían servido para la explicación de los fenómenos electromagnéticos analizados en el siglo XIX por Coulomb, donde estas fuerza estructuradoras trasforman el movimiento rectilíneo uniforme y caótico de las partículas eléc tricas, en movimientos orbitales. Sin embargo, este modelo tenía muchas paradojas, entre ellas, que las teorías electromagnéticas predecían que una partícula cargada y acelerada, como sería el caso de los electrones orbitando alrededor del núcleo, producirían radiación electromagnética, perdiendo energía y finalmente cayendo sobre el núcleo, cosa que no ocurría; lo que dio lugar a una nueva mecánica, que por su carácter cuántico-discontinuo se llamó **mecánica cuántica**; necesitando orbitales diferentes a los gravitatorios, aunque, eso sí, ambas forman estructuras semejantes.

Por otro lado, este modelo si bien satisfacía los resultados empíricos no satisfacía otros, entre ellos la propiedad también descubierta por Rutherford, de que en los núcleos de estos microsistemas, además de estar ubicada el noventa y nueve por ciento de la materia newtoniana, también lo estaba el cien por cien de una entidad llamada carga positiva, formada por «partículas independientes» llamadas protones, que al ser entidades «individuales» de la misma carga, darían lugar a la inestabilidad del mismo, dado que, «partículas cargadas del mismo signo» se repelen con una intensidad que es inversamente proporcional al cuadrado de la distancia; lo que llevaría a pensar que en las nanodistancias que se encuentran estas cargas, producirían la destrucción del núcleo; sin embargo, la naturaleza nos ofrece otra realidad, como es que la mayoría de los núcleos son estables; por ello, y para explicar esta «paradoja», se necesitó de «otra fuerza» que permitiera la estabilidad de los núcleos, para que las cargas del mismo signo no los desintegraran, llamando a esa nueva fuerza fuerza nuclear fuerte. Esto me llevó a una nueva pregunta: ¿qué hubiera ocurrido si esta paradoja se hubiera expuesto de otra manera? La respuesta podría encontrarse analizando, desde otro punto de vista, no solo la evolución de los sistemas que forman estas partículas, sino **la evolución de las partículas que forman los macrosistemas.**

Del equilibrio posicional de partículas discretas a la tensión de curvatura y formación de los continuos

Por último, dentro de la evolución de los sistemas macrocósmicos formados por un conjunto de microsistemas discretos, se descubrió que estas partículas, una vez adquirido el equilibrio posicional, evolucionan de ser sistemas discretos formados por dos extensiones discontinuas, a formar unas formar sistemas con dos entidades extensas de mayor magnitud, pero continuas.

Una vez adquirido el equilibrio posicional de las partículas, se descubre que debido a la nueva estructura en capas formada, aparece una **nueva actividad** por la interacción existente entre estas partículas y su tendencia a ocupar el lugar que le corresponde; lo que da lugar a una **tensión de curvatura**, siendo esta tensión menor en las capas superficiales y mayor en las capas centrales, causante de la «presión de curvatura»; pero lo que no se ha estudiado es la **depresión de curvatura** en las cortezas de estos sistemas que se analizará en próximos capítulos.

Hasta ahora la actividad más estudiada ha sido la «presión de curvatura», por la cual las partículas más centrales tratan de llegar a un nuevo equilibrio con el sistema, no por su movimiento, ni por su tendencia a ocupar el lugar que le corresponde (disposición), sino por su desestructuración interna.

Lo que ocurre que esta evolución de los sistemas se ha analizado como una pérdida de energía cinética de las partículas, que se hace patente desprendiendo diferentes formas de energía (radiación electromagnética); pero este paradigma se podría analizar de otra manera, basado en que dichas partículas también poseen una entidad extensa llamada corteza que se puede fraccionar.

Si se considerase las cortezas de los microsistemas parte constituyente de las partículas, se podría deducir que en las «curvaturas centrales» de los macrosistemas en las que se encuentran las «partículas centrales», la presión de curvatura del sistema actúa sobre las microcortezas que forman estos microsistemas y para llegar a un equilibrio con la «curvatura» que ocupan, llegado un momento en que estas cortezas se fraccionan en **«partículas corticales»** que, como entes individuales, estarían en desequilibrio con esa «curvatura del macrosistema» y, por ello, toman un carácter centrífugo, de lo que se podría deducir que parte de la radiación, además de la perturbación electromagnética causada por la rotura, sería también por las cortezas fraccionadas, que tratan a su vez de equilibrarse dirigiéndose hacia lugares que le corresponden en la corteza del nuevo sistema formado; ello permite dejar libres los núcleos, que por su tendencia a ocupar el lugar que le corresponde (centro), tratan de desplazarse al núcleo del nuevo sistema, donde estos núcleos interaccionan por su tensor interno entre ellos fusionándose, pasando de ser entidades nucleares discontinuas a una entidad continua nuclear, origen de un nuevo núcleo cuyo fin sería formar nuevas capas nucleares y de ahí a pasar a formar un nuevo núcleo continuo de un nuevo macrosistema.

Prontuario:

En este capítulo se expresa una posibilidad nacida de la observación en la evolución de los sistemas naturales, al considerarlos como entidades formadas por partículas constituidas por dos extensiones independientes, pero que actúan la una sobre la otra, siendo esta interacción la responsable de la propia estructura y no la actividad de una fuerza externa a ella, como ya propuso, a su manera, hace más de dos mil trecientos años el gran filósofo griego Aristóteles, pasando estas partículas por estadios que se pueden resumir en el siguiente anagrama:

PARTE II: DOS EXTENSIONES ELÁSTICAS

Capítulo quinto:
La elasticidad como propiedad de las extensiones naturales

En los capítulos anteriores he tratado de exponer que los sistemas naturales, tanto microcósmicos como macrocósmicos, son unos conjuntos formados por, al menos, dos entidades extensas que poseen su propia naturaleza, la cual se pone de manifiesto por el lugar que ocupan o tratan de ocupar ofreciendo la realidad de su disposición.

En este nuevo apartado voy a tratar de mostrar la existencia de una **actividad propia** de cada extensión, que voy a denominar **tensor de extensión** y se demuestra porque ambas extensiones poseen **una forma** y son **capaces de ocupar el lugar** que le corresponde en los sistemas naturales.

Al tensor de extensión de la forma le voy a denominar **tensor de forma** y al tensor que les hace ocupar un lugar dentro de los sistemas le voy a denominar **tensor de disposición**, que en el caso de la extensión nuclear sería el **tensor de disposición nuclear**, mientras que en el caso de la extensión cortical sería el **tensor de disposición cortical**.

Este pensamiento nació después de analizar desde un punto de vista estructural la física presente en la *Teoría general de la relatividad*, de Albert Einstein.

El pensamiento einsteiniano, fuera de las connotaciones surgidas de los principios matemáticos de su filosofía natural, permite analizar a los sistemas naturales que forman el macrocosmos como un conjunto formado por al menos dos extensiones, una central que voy a denominar nuclear, que, como ya he expuesto, estaría representada por la masa newtoniana, y otra cortical que estaría representada por esa entidad llamada espacio.

La matemática-física einsteiniana admitió, por primera vez, la existencia de una actividad de una entidad central que, según su cantidad, modifica la extensión periférica que le rodea, manifestándose con una forma: su curvatura.

La forma y la actividad en el pensamiento einsteiniano

El pensamiento einsteiniano induce a pensar en la existencia de dos extensiones capaces de poseer, al menos una de ellas, la nuclear, una **actividad interna** que actúa, según su cantidad, sobre la otra, la cortical, curvándola debido a un tensor llamado tensor de curvatura.

Se entenderá como actividad la capacidad de modificar la forma de estas extensiones. Este cambio de forma puede ser debido a un **tensor interno**, capaz no solamente de actuar en «su extensión», sino de interaccionar sobre la superficie limitante existente en el tensor interno de la otra extensión, que se consideraría **externo** dependiendo del observador.

Esto se deduce de un supuesto muy sencillo, sí se admite la existencia de una entidad tetradimensional llamada espacio-tiempo, que es susceptible de ser deformada (curvada) por otra extensión ¿tridimensional? llamada cantidad de materia; esto implica que «antes de ser deformada» esa extensión espacial, **debería de poseer una «forma»**, que la física einsteiniana expresa como «planitud asintótica», lo que ocurre cuando el tensor métrico central es nulo.

También implica que al tener una forma debe de poseer una «actividad interna» que le permita poseer esa forma, que en la teoría expuesta por Einstein sería «plana»; a esta actividad interna la voy a denominar «tensor de planitud», el cual se manifiesta cuando sobre esa extensión no participa la actividad deformadora perturbadora de la otra extensión nuclear.

Esta tensión se hace patente cuando la actividad nuclear cesa en su actuación sobre ella, lo que le hace volver a su «planitud primitiva», y que puede ser observada por la luz proveniente de las estrellas cuando el sol no está presente en su trayectoria.

Estas características son las que permitirían analizar a esa extensión cortical como una «entidad elástica», expresada como la propiedad que poseen las entidades extensas que después de ser deformadas por la actividad de otra extensión, recuperan su forma original cuando cesa esa actividad.

Esta nueva posibilidad tensora de la entidad cortical induciría a pensar nuevas posibilidades que surgen de las propiedades elásticas que se observan en esas entidades extensivas denominados cuerpos sólidos.

La elasticidad se consideraba como una propiedad de los cuerpos sólidos, en virtud de la cual estos recobran más o menos completamente su extensión y forma, tan pronto cesa la acción de la fuerza que los deforma, lo que conduce a que esta propiedad elástica lleve intrínseca la existencia de una actividad o tensor interno del cuerpo sólido que recupera la forma.

El examinar las revolucionarias teorías einsteinianas sobre la capacidad deformadora de la extensa materia sobre el «extenso espacio-tiempo», me llevó a contemplar otra posibilidad:

Antes de la *Teoría general de la relatividad*, la única entidad que poseía la propiedad elástica era la **materia**, analizando a esta como entidad constituyente de los cuerpos sólidos y nunca se había pensado que esta propiedad elástica la tuviera también esa entidad extensa que rodea a los núcleos materiales de los sistemas macrocósmicos llamada espacio, y mucho menos que fuera capaz de tener «forma» y por ello pudiera ser «deformada» por la materia newtoniana; puesto que seguían vigente el paradigma físico-filosófico que aseveraba que la entidad vacía que rodeaba a la masa era una entidad inactiva, lo que en realidad era como decir que no tenía ni forma ni actividad por ella misma, como ya he expuesto.

Si bien las teorías einsteinianas permiten analizar la posible existencia de un tensor de la entidad central que curva en las inmediaciones de una gran masa al espacio-tiempo, sin embargo, no expone con claridad la posibilidad de que este espacio-tiempo pudiera tener su **tensor propio** y mucho menos que este tensor pudiera **ejercer también una actividad tractora sobre la extensión nuclear** (reciprocidad), lo que permitiría deducir **una interacción entre ellas**.

Elasticidad como actividad tractora de las extensiones naturales

Una vez expresada por Einstein la actividad tensora de la entidad nuclear de los macrosistemas sobre la entidad cortical de estos, y demostrada por Eddigton por la desviación de los rayos de luz en la frontera existente entre estas dos entidades, el siguiente paso sería demostrar que la entidad cortical, a su vez, también podría poseer actividad tensora por sí misma, que permitiría una propiedad recíproca, es decir, que también podría actuar sobre la entidad nuclear que actúa como frontera. Para ello me basé en una actividad recíproca descubierta por Faraday, en la interacción entre los campos eléctricos y magnéticos.

Ya John Wheeler dijo sobre la teoría einsteiniana que: «El espacio-tiempo le dice a la materia cómo moverse; la materia le dice al espacio-tiempo cómo debe curvarse».

Sin embargo, aquí quiero expresar que el espacio-tiempo no solo es «una entidad capaz de decirle a la materia cómo moverse, **sino también cómo curvarse**:

Ya he expuesto la posibilidad de un tensor recuperador de **forma** en el espacio-tiempo, por la capacidad de volver a su forma, cuando cesa la curvatura material; el siguiente paso sería demostrar que esta intensidad tensorial de la extensión espacio-temporal también podría «deformar» a la extensión nuclear, pero ¿dónde se podría observar y demostrar esta actividad?

Esta demostración la encontré al analizar la desintegración nuclear, como una posible consecuencia de la actividad de la «planitud asintótica» de la extensión tetradimensional sobre los núcleos de los elementos químicos en los **lugares de los sistemas macrocósmicos que esta actividad cortical fuera mayor que la actividad tensora nuclear**.

Esta posibilidad podría confirmar que los sistemas naturales están constituidos por dos extensiones tensoras elásticas, cada una con tensor propio, y a la vez capaces de interactuar entre ellos.

En la actualidad se explica la desintegración nuclear como la actividad de una fuerza de interacción débil, de origen desconocido, cuyo efecto se produce en lugares de dimensiones de diez elevado a menos diecisiete metros, y es explicada, según el modelo estándar de la física de partículas, por la interacción causada por la emisión o absorción de bosones W y Z; por tanto, se considera una fuerza sin contacto, al igual que las otras tres fuerzas fundamentales.

Sin embargo, esto podría exponerse desde otro punto de vista, como es la actividad de lo que voy a llamar intensidad de la planitud asintótica de la corteza universal sobre los núcleos de los elementos químicos radioactivos, que en realidad podría llamarse la actividad de «la curvatura negativa de la corteza del sistema macrocósmico universal sobre la curvatura positiva de los núcleos de los elementos químicos».

La actividad de una cantidad de materia sobre las curvaturas muy alejadas de los centros estelares es irrelevante; en cambio, en esos lugares «la actividad de estas cortezas», que voy a expresar como «curvaturas negativas», **sería muy grande**, y esto llevaría a otra posibilidad recíproca que diría que, de igual manera que la intensidad que se produce por la actividad nuclear en las curvaturas cercanas al núcleo de las estrellas es inversamente proporcional al cuadrado del radio del sistema en el que está la actividad recíproca de las cortezas, sería mayor en los radios mayores de los sistemas, y se podría deducir que la intensidad de la actividad de las cortezas sería **directamente proporcional** al radio al cuadrado del sistema que estas forman.

También se podría deducir que, de la misma manera que se demuestra la actividad curvadora de las grandes masas utilizando como partículas de prueba los fotones (experimento de Eddington), la mejor manera de demostrar la actividad de planitud de las cortezas de los sistemas macrocósmicos sería utilizando como partícula de prueba los núcleos formados en las grandes curvaturas einsteinianas de los núcleos de las estrellas.

Es admitido que el núcleo de los elementos químicos se forma en el núcleo de las estrellas y, para ello, necesita que existan además de una gran cantidad de núcleos libres, la actividad existente en las «curvaturas centrales» de las estrellas.

También se sabe que debido a los procesos convectivos por la interacción de la radiación sobre los núcleos neoformados, estos pueden ser eyectados a las curvaturas menores de estos macro-sistemas, un ejemplo son las eyecciones que se producen en las curvaturas de la cromosfera solar, donde estos, a su vez, pueden ser eyectados a curvaturas más alejadas en donde orbitan los planetas o más allá.

Fue en uno de estos planetas: la Tierra, donde Becquerel descubrió que algunos núcleos de los elementos formados en el centro de las estrellas no son estables y dan lugar a su desintegración. Este fenómeno fue el que me llevó a pensar en la posibilidad de «otra actividad» y lo que me hizo preguntarme: ¿podría ser la actividad de estos «lugares corticales» con «curvas corticales aplanadas» los responsables de los fenómenos de desintegración de los núcleos radioactivos y, por consiguiente, tendría que ver con esa fuerza desintegradora nuclear llamada débil?

Una manera de analizar la certeza de este punto de vista sería estudiando el periodo de desintegración de los elementos radioactivos en la Tierra, y compararlos con la desintegración de estos mismos elementos, bien en las curvaturas cercanas al Sol o en curvaturas más alejadas de la heliosfera. De ser cierta esta hipótesis, se descubriría que la vida media de estos elementos variaría según el lugar de curvatura del sistema donde se realizara la prueba.

Nunca se ha medido el periodo de desintegración de los elementos radioactivos fuera de la órbita terrestre, ya que se cree que es el mismo en todo el universo, porque se admite que el «espacio» posee las mismas propiedades en toda su extensión, es decir, que es isótropo, ¿y si eso no fuera así?

Una manera de demostrarlo sería medir el periodo de desintegración de los elementos químicos radioactivos. Se sabe el número de núcleos que se desintegran en una muestra de material radioactivo por la llamada semidesintegración, por ejemplo, el plomo-210 tiene un periodo de semidesintegración de 22 años, también se sabe que, cada 5730 años, la radiactividad del carbono 14 desciende a la mitad. Pero esa investigación se ha hecho en la Tierra, y esto me llevó a preguntarme: ¿se darían estos resultados si se hicieran en otros lugares del sistema solar que no fueran la Tierra o en otros lugares del universo?

Otro experimento «ideal» que podría aclarar esta suposición sería tomar en un «recipiente» «el espacio vacío» cercano a una estrella de neutrones (de máxima curvatura convexa), y tomar en otro recipiente en el «espacio vacío» en los confines de una protoestrella (de máxima curvatura cóncava), para poder observar qué ocurriría en la curvatura orbital terrestre cuando se «abrieran» estos recipientes. Según esta exposición, al abrir el recipiente «lleno de vacío» y tomado en las «proximidades de una estrella de neutrones», debido a la «curvatura espacial» del lugar donde fue tomado, ocasionaría en la Tierra, primero una explosión cortical de los componentes a los que se dirigiera, debido a la radiación por desintegración de las cortezas de los elementos químicos y una gran radiación debida a la fusión nuclear de estos mismos componentes. En cambio, si se abriera el recipiente que contiene el vacío de los confines de pequeña curvatura de una estrella en formación, se observaría una desintegración de los núcleos por la actividad de la «curvatura negativa» del lugar donde fue tomado.

Esto a su vez apoyaría la comprensión de los procesos exotérmicos que se producen en la formación de los núcleos de los elementos químicos. Se sabe que, hasta llegar al hierro, los procesos de formación de los nuevos núcleos son exotérmicos y, a partir de él, el proceso de formación de nuevos núcleos es endotérmico; en estos procesos tendrían mucho que ver la «curvatura cósmica universal» en la que se ubica la Vía láctea, admitiendo un sistema universal corticonuclear, donde la actividad termodinámica dependería de la curvatura del «lugar universal» donde se produce esto conduce al concepto de energía y la relación con la forma de las extensiones naturales.

Tensiones de las extensiones elásticas y el concepto de energía

Otra posibilidad que ofrece este análisis estructural es la de observar la naturaleza como realidad de dos extensiones tridimensionales elásticas, y estas con las relaciones geométricas entre sus volúmenes (R^3) y sus superficies limitantes (S^2).

Hasta ahora estas relaciones geométricas se han hecho con una dimensión lineal llamada radio, en el caso de la esfera k R^3 y de la superficie k′R^2, siendo R la distancia lineal entre el centro y la superficie de la esfera a medir. Sin embargo, nunca se ha analizado la superficie de la esfera con relación a su volumen, que llevaría a observar su superficie limitante como «parte infinitesimal» del volumen de la de la esfera, porque la abstracción matemática de la superficie de un cuerpo nunca se ha considerado como cantidad de un volumen más cercana al cero que cualquier volumen real pero diferente a cero.

En el mundo natural, donde según el criterio que surge de esta exposición **tanto la extensión nuclear como la cortical no se crean ni se destruyen**; sin embargo, un cambio de superficie de estas dos extensiones sí podría suponer un cambio en el «alteración voluminosa» de las mismas; un ejemplo sería una bola que se introduce en un bote de pintura, esta bola saldría con una «capa» de pintura, equivalente a «una parte del volumen de la pintura» y supondría un cambio en los volúmenes, por parte de la pintura «disminuiría» y por parte de la esfera «aumentaría».

Otro caso sería que no cambiaran los volúmenes (como se expondrá más adelante en los procesos de agregación y fragmentación, que nos ofrece la naturaleza de estas dos extensiones), sin embargo, lo que voy a tratar de exponer aquí es que un cambio de superficies limitantes, debido a **la interacción que se observa entre las extensiones que forman los sistemas naturales** está **en** relación con la entidad llamada energía.

Hooke dedujo que cualquier actividad dinámica ejercida sobre una entidad elástica se manifiesta en el incremento o decremento de la longitud de esa entidad y establece que el alargamiento unitario que experimenta un cuerpo elástico es directamente proporcional a la fuerza aplicada sobre el mismo, que depende de la longitud y naturaleza de dicha entidad; para ello, la física hookeniana analizó a estos objetos físicos no como entidades extensas tridimensionales (como son estas extensiones), sino como entidades unidimensionales «**lineales**», que incrementan o decrementan su «longitud», expresada por la distancia (x) del desplazamiento producido por una actividad deformadora **lineal** llamada fuerza (F), que según su intensidad incrementaría o disminuiría su longitud expresada por (2x):

$$F = kx$$

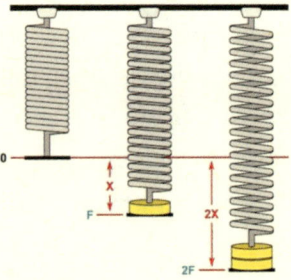

Esta actividad deformadora tendría que ser superior a la «tensión de forma» que poseen las entidades elásticas, también llamada «tensor de tensiones», y a la vez ser esta tensión la responsable de que estas entidades vuelvan a su forma original, una vez cesada la actividad del «tensor de deformación».

Como ya he expuesto anteriormente, tanto las extensiones nucleares y corticales que forman los sistemas no son unidimensionales, sino, como mínimo, tridimensionales, cuya cantidad viene expresada por su volumen, lo que significa que la actividad de sus tensores se hace patente en la frontera limitante de estas extensiones, por lo que estos tensores no se deben considerar como una tensión lineal sino **«superficial»**.

Esto lleva a que las dimensiones de esta actividad, ya que «son superficies», viene dada por el producto de dos dimensiones lineales (X) (X), expresado por la ecuación geométrica de una superficie:

$$S = X \cdot X = X^2$$

En este caso el **tensor de deformación** vendría expresado por unidades superficiales que se incrementan o se decrementan en la relación:

$$T = kX \cdot X = kX^2$$

Es interesante observar que estas dimensiones se cumplen con las fórmulas newtonianas que surgen de la ecuación llamada **trabajo-energía**, donde se descubre que esta actividad dinámica se considera como la relación existente entre la capacidad de una entidad lineal dinámica llamada fuerza (F), y una entidad puntual que se desplaza por esta fuerza expresada por la distancia recorrida (x):

$$E = W = F x$$

Si se sustituye la actividad dinámica de Hooke expresada por la función:

$$F = kx$$

Al sustituir F en la fórmula de la actividad newtoniana, se descubre que esta entidad mecánica llamada trabajo da lugar a una ecuación que relaciona el concepto de actividad de la ecuación de Hooke y la ecuación de Newton.

$$W = kx \cdot x = k\,x^2$$

En la que de nuevo se descubre que la solución tiene dimensiones de superficie, lo que llevaría a la conclusión de que el cambio de superficie en una extensión elástica y la energía son las dos caras de una misma moneda que, como se expondrá más adelante, va a implicar una **perturbación del sistema** elástico en el que se produce, y esta perturbación es la realidad de una onda transversal y su relación con la frecuencia de esta con esa entidad llamada energía, como ya demostró Planck.

Teniendo en cuenta que la función trabajo es una trasferencia de energía, implicaría que «el cambio de superficie de estas extensiones» de los sistemas, que se produce y que llevaría a que las energías tienen relación con la actividad tensional elástica, lo que supondría que todo incremento o decremento de superficies limitantes en estos sistemas daría lugar a un cambio de energía del sistema, como se observa en la naturaleza. Por otro lado, la naturaleza nos enseña que siempre estos sistemas tratan de llegar a un equilibrio, expresado por la mínima energía; que en el caso de las extensiones tridimensionales es la superficie de una esfera, como es en realidad la forma que toman todos los sistemas naturales. Una forma de exponer como referencia esta actividad es analizando como extensiones continuas las extensiones que forman los fluidos naturales.

Los fluidos como modelo de extensiones naturales elásticas que interactúan entre ellos

El mejor ejemplo de los expuesto anteriormente es analizando el tensor de tensiones que poseen la extensiones elásticas naturales, como son los fluidos.

En el capítulo anterior he expuesto que los fluidos naturales poseen estas dos propiedades, una la de ser **extensos** y otra la de poseer dos tensores: una tensión interna que describe una «forma», es decir, de poseer **un tensor de forma** y otro el **tensor de disposición** que determina el lugar que ocupa en los sistemas formados por ellos.

El tensor de forma se observa cuando sobre estos fluidos se hayan aislados y sobre ellos no actúa ninguna tensión de deformación externa, es el caso de una gota en caída libre o el de una burbuja, representada en ambos casos por una superficie esférica. Con esto, los fluidos están indicando que toman la forma que minimiza su superficie, donde la figura geométrica que expresa **la mínima superficie** es la esfera.

Si se toman dos fluidos A (verde) y B (azul) cuyo tensor de forma se observa cuando no actúa sobre ellos ninguna fuerza, adquiriendo la forma de dos esferas.

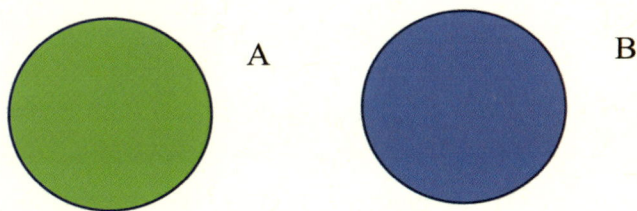

Por otro lado, se advierte que si se introducen estos fluidos en un recipiente, se descubre que cada uno trata de disponerse en el lugar que le corresponde, y esta disposición tiene que ver con la naturaleza de los mismos, que queda expresada en la siguiente figura en la que el tensor azul lo llevaría a ocupar la parte inferior, mientras que el tensor verde lo llevaría a ocupar la parte superior; esto inclina a pensar de que la disposición estaría relacionada con la naturaleza de cada fluido y su propio tensor interno.

Creo que es necesario insistir en que esta disposición solo se ha analizado por la presencia de un vector, representado como una **fuerza lineal centrípeta** (fuerza de la gravedad), exterior a las extensiones naturales que hace a las extensiones de mayor densidad ocupar el centro, pero nunca se ha considerado que las extensiones superficiales puedan poseer u**n tensor centrífugo** propio que le hace ascender a la parte superior, ya que se ha tomado esta ascensión como una asunción **consecuencia de la actividad del tensor centrípeto** que «empuja» a la extensión cortical hacia la región superior. Sería como decir que, si bien la caída de las gotas es debida a su tendencia a ocupar la parte inferior, sin embargo, la ascensión de las burbujas sería debida no a su tendencia a ocupar la parte superior, sino a que el «empuje» del «medio nuclear» las hace subir a la parte cortical. Esta doble interpretación va a tener su trascendencia en lo que estoy exponiendo, ya que tiene que ver con la curvatura einsteiniana donde la entidad central actúa sobre la entidad cortical, siendo consecuencia de la actividad central; en cambio, esta no permite observa que la extensión cortical posea un tensor propio como explicaré más adelante.

Tensión y superficies esféricas

Para exponer esta posibilidad, sigo analizando el supuesto anterior, pero desde otro punto de vista; voy a observar lo que ocurre si se tuviera una cantidad suficiente de estos dos fluidos para circunvalar la Tierra, ya que en este supuesto no se necesita recipiente, porque ellos serían continente y contenido; y según lo observado en nuestro planeta se formarían dos capas concéntricas una nuclear y otra cortical, consecuencia de **la actuación del tensor central y tensor cortical** respectivamente que, en este caso, serían los causantes de las capas esféricas que tratarían de definir el lugar que les corresponde; estas capas se mantendrían en «equilibrio posicional», a no ser que algún «otro fluido» actuara sobre ellas.

Esta disposición se analiza en la actualidad como **consecuencia** del campo gravitacional de la Tierra definida por la actividad de una fuerza lineal centrípeta y no por la realidad de los tensores propios de los fluidos que forman estos sistemas; para demostrar que no es debido a esta última fuerza voy a situar a estos fluidos en un **lugar** donde, según los cálculos astronómicos, se diera la llamada «gravedad cero», que es igual que un fluido en caída libre o entre dos planetas, cuya actividad «curva» se anula y allí observar su comportamiento.

Se descubriría que el fluido azul ocuparía el núcleo de este sistema y el fluido verde ocuparía la corteza, no por una «actividad externa», sino por la actividad tensorial de estos fluidos.

Esta realidad es la que se observa en los objetos del universo y es, como ya he expuesto, la forma que toman los fluidos que forman los cuerpos celestes que están **lugares de gravedad**

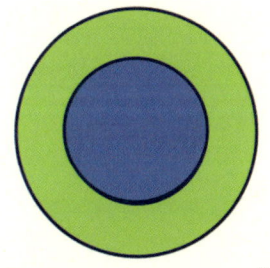

cero, que es en realidad una caída libre, y que expresaría que esa conocida «fuerza de la gravedad» no es otra que una actividad, consecuencia de la rivalidad de dos extensiones naturales por ocupar el lugar que le corresponde sobre la extensión total del sistema, debido a sus tensores internos.

La densidad y el radio de curvatura

Anteriormente he expresado la relación que existe en sistema de capas esféricas y su densidad, que era el del inverso del radio que al ser capas esféricas era del inverso al cuadrado. Ahora quiero exponer la relación entre estas capas y la de sus superficies limitantes expresado por el radio de curvatura.

La existencia de un tensor interno hace que las capas adquieran una forma, la esférica, y esto implica la existencia de un radio da curvatura que, junto con el tensor de disposición cuando estas capas forman un sistema, implica que se produzca lo que se llama presión de curvatura, que aumenta a medida que disminuye ese radio.

En las capas existe una superficie en que el radio de la capa de densidad ρ_1 es igual que el radio de densidad ρ_2, es decir, que la superficie esférica que generan es la misma, en ese lugar la tensión superficial debería ser la misma, ya que, si no el fluido de densidad ρ_1 penetraría en la capa ρ_2 viceversa. Lo que ocurre es que, en un sistema de varios fluidos, la tensión de estos aumenta en relación inversa del radio, sufriendo las capas más centrales una presión mayor que si esas capas que le rodean no existieran, pero esto hace que las capas de mayor densidad y de mayor tensión superficial se sitúen en el centro del sistema, es decir, que ocupen el menor volumen del sistema, ocurriendo lo contrario en las capas de menor densidad, que tratan de ocupar la región con mayor radio de curvatura.

La intensidad tensora de las extensiones

Por otro lado, la filosofía einsteiniana nos describe lo que se podría llamar el grado de la actividad tensora o intensidad que, en el caso de la materia, lo demuestra por la curvatura que se produce según la cantidad nuclear, describiéndonos que esta actividad es una curvatura que «desvía» a la luz o de los cuerpos celestes de su movimiento rectilíneo uniforme, y expone por qué esta curva es convexa y no cóncava, expresada por el grado de desviación de la luz, lo que es debido a la actividad de carácter centrípeto del núcleo, de esta manera, en la física einsteiniana, la intensidad de la actividad tensora nuclear se manifiesta por **una curvatura convexa consecuencia del decremento de la superficie frontera**, sin embargo, no expone la «otra posibilidad»: la de una curvatura cóncava con un **incremento de la superficie de frontera** cuando domina la intensidad de la actividad tensora de la parte cortical.

En relación con lo anterior, es interesante recordad que la naturaleza también presenta una realidad maravillosa que dice que el aumento de superficie limitante (deformación) no implica necesariamente un aumento ni disminución del «volumen total» de las extensiones constitutivas, ya que el volumen total no variaría y, para llegar a un equilibrio, lo que hacen estas extensiones es «deformar» su superficie limitante o frontera de manera diferente; siendo un incremento convexo de la superficie cuando domina la tensión nuclear, y un decremento cóncavo cuando domina la extensión cortical.

Esta repuesta se debe a una tendencia de estas extensiones a equilibrar su actividad interna con respecto al lugar que ocupan y, como se ha expuesto, tiene mucho que ver con el llamado equilibrio de la energía del sistema.

Esta actividad tensora interna de los fluidos también se observa por la llamada tensión de adherencia, que no es otra cosa que la tensión interactiva entre extensiones de diferente naturaleza, que se observa en las superficies limitantes que forman meniscos, como curvas cóncavas o convexas, producidos por la actividad de la curvatura de unos sobre otros.

Menisco cóncavo:
Debido a la actividad
cortical sobre la nuclear

Menisco convexo:
Debido a la actividad
nuclear sobre la cortical

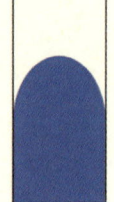

Esta disposición se pone de manifiesto en cualquier cuerpo celeste formado por diferentes fluidos de diferente densidad; todos ellos siguen esta disposición capa a capa. Pero la física einsteiniana fue más allá y también dedujo que esta actividad también la poseía la extensión más ambigua, como es esa extensión llamada **espacio**, pero puso como condición que era necesaria una **gran cantidad de extensión nuclear** para que la extensión cortical espacial se perturbara.

Esta propiedad que he llamado **intensidad tensora**, dependería además de la cantidad de las extensiones y de la densidad disposicional de estas, y se manifiesta cuando interactúan compitiendo entre ellas por el «lugar del sistema» (centro o corteza), e induce a pensar que es capaz de producir la fragmentación y coalescencia de estas extensiones naturales como ahora se verá.

Intensidad de curvatura y tensor de rotura

Otra realidad de las extensiones elásticas se manifiesta cuando la actividad interactuante tensora de una extensión es mayor que la otra, es decir, cuando el «tensor de deformación de una extensión» supera al «tensor de curvatura de la otra»; típico de las extensiones elásticas; origen de la **rotura de estas extensiones continuas**, en **fragmentos discretos**, que voy a denominar **«gotas» cuando el medio es menos denso que** el fragmento, o como burbujas cuando el medio es más denso que el corpúsculo. Lo que da lugar a un **movimiento** donde las gotas tratarían de ocupar el centro del sistema que por su tendencia voy a denominar **nucleones**, y en el caso de burbujas tratarían de ocupar la periferia del sistema que voy a denominar **corticones**.

Estas partículas no son otra cosa que otro estado de las extensiones de los sistemas con las que estas extensiones tratan de llegar a un equilibrio, y lo hacen por fraccionamiento de su continuidad, en donde las partículas formadas, si bien incrementan la superficie del sistema, no cambian la extensión de este, expresando que la fragmentación es una de las maneras que tienen los sistemas naturales de equilibrarse en su actividad, aumentando o disminuyendo la superficie total del sistema sin cambiar el volumen total de estas extensiones.

Resumiendo, formadas estas partículas son poseedoras de un movimiento que trata de homogenizarse hasta conseguir una nuevo estado, que he denominado «el equilibrio cinético de los discontinuos» o equilibrio termodinámico, el cual, una vez estabilizado, da lugar a otra actividad en la que las partículas tratan de llegar al lugar que les corresponde dentro del nuevo sistema que ellas forman: el «equilibrio disposicional, y este da lugar a una nueva actividad ya analizada: «actividad de curvatura». Para ello, el sistema trata de llegar a otro equilibrio actuando sobre la estructura de estas partículas, pasan de ser entidades discontinuas a una nueva entidad continua que se podría llamar «equilibrio del continuo», origen de una nuevo núcleo y una nueva corteza continua, naciendo una nueva actividad como es la «tensión de tensiones continuas», por **«ocupar el lugar universal»** que le corresponde, ocasionando la fragmentación del continuo e iniciándose un nuevo ciclo, descrito en la Gran Emulsión como una gran fragmentación de las dos extensiones continuas primigenias.

Por causa de la tensión nuclear, se produciría una «invaginación» de la extensión cortical en la extensión nuclear, incrementado su «propia superficie» y **penetrando la corteza** en la extensión nuclear, en forma de «capa esférica», dada su tendencia a ocupar el máximo volumen, formando una figura llamada «greca»; y esto se equilibraría por el incremento de la tensión cortical que produce la fragmentación o «enucleación» de la extensión continua nuclear que, por su actividad convexa, se manifiesta en una fragmentación de menor volumen y menor superficie en forma de «esfera» en la extensión cortical.

Este sería (según esta exposición de núcleos y cortezas) el origen de la fragmentación y el origen de la formación de las entidades discretas naturales que, a su vez, interaccionarían entre ellas, dando lugar a los microsistemas en equilibrio, con la formación de un microsistema formado por una extensión discreta nuclear central cóncava y una extensión discreta cortical convexa.

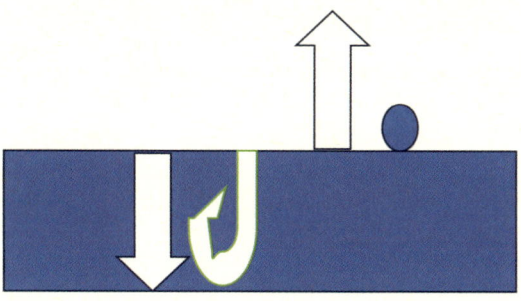

Desde este punto de vista, lo anterior explicaría el origen de las entidades discretas por la rotura del equilibrio de dos extensiones continuas universales.

Prontuario:

En este capítulo trato de exponer a la elasticidad como actividad tractora de las extensiones naturales, origen de la forma y la disposición de estas extensiones en los sistemas naturales, esta actividad tractora se observa por el cambio de la forma, y esta con el concepto de energía. Esta suposición la hago observando a los fluidos como entidades extensas continuas con tractores que se manifiesta por su forma y disposición, debido a tractores tridimensionales formadores de una mínima superficie (esfera) y de la competencia por el volumen del sistema de **mínimo a máximo volum**en (capas), esta competencia es originada por la interacción entre sus superficies fronterizas.

Capítulo sexto:
La fragmentación y la coalescencia como consecuencia de la tensión e interacción entre dos extensiones elásticas en sus superficies limitantes

Fragmentar

Fragmentar es hacer partes de un todo y es sinónimo de dividir, romper, partir, trocear, etcétera, dicho de otra manera, **es hacer unidades discretas de una extensión continua**, y en esta exposición se va a demostrar que este fenómeno es consecuencia de la interacción de dos extensiones.

Como se ha expuesto, en la naturaleza se descubren dos extensiones uniformes y homogéneas, basadas en la propiedad que tienen las extensiones naturales de ocupar el lugar que le corresponde dentro de los macro o microsistemas, es decir, ocupar el núcleo (entidad nuclear) o corteza (entidad cortical), también se ha expuesto que poseen dos «tensores internos» origen de su forma y de su «posición»; ahora voy a intentar demostrar que esta actividad, según el lugar, va actuar la una sobre la otra y va a dar lugar a una deformación cuya máxima actividad es la discreción o rotura de su continuidad, lo que se produce en la frontera delimitada por ambas.

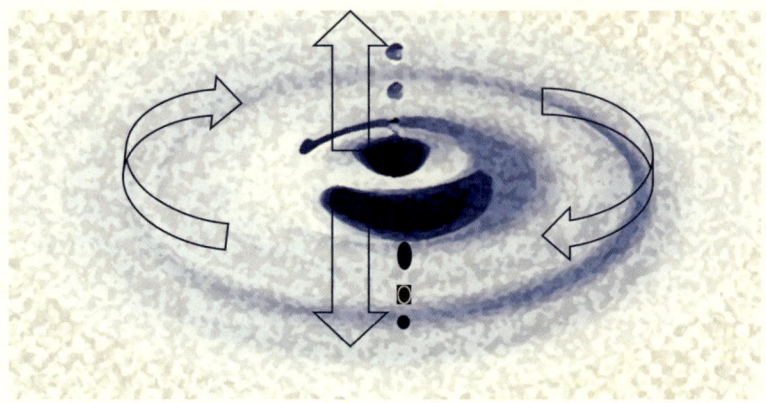

Para que exista un proceso de fragmentación de dos extensiones continuas y contiguas, es necesario, al menos, dos entidades elásticas que interaccionen entre ellas.

El cosmos ofrece la existencia de dos extensiones elásticas que interaccionan entre sí, que permiten la posibilidad de **que haya rotura entre ellas**, ya que penetrando la una en la otra, puede fragmentarla y hacer que una entidad continua se haga discreta.

Dicho lo anterior, si se profundiza en este proceso se descubren aspectos que son muy interesantes, como el que en la naturaleza existen trozos, partículas, fragmentos, etcétera, extensos, en el sentido de poseer tres dimensiones. Estos fragmentos determinan dos magnitudes, una llamada «volumen» (V) y otra denominada «superficie limitante» de ese volumen(S), donde todos los fragmentos están rodeados por otra entidad diferente que los circunda.

La naturaleza nos muestra un ejemplo en esos objetos físicos llamados cuerpos o corpúsculos, como entidades delimitadas por su propia constitución y que se pueden, a su vez, dividir formando más fragmentos, donde la extensión tridimensional del cuerpo da lugar a nuevas partes, a su vez tridimensionales, en las que se observa que **la «suma» de los volúmenes de sus fragmentos**, sería **igual** al **volumen** del que procede.

Lo extraordinario de este proceso es que si se analiza, se descubre que si bien la suma de los volúmenes de estos fragmentos es igual al volumen del cuerpo de donde proceden, en cambio, la suma de las nuevas superficies limitantes de los fragmentos es mayor que la superficie unitaria de dicho cuerpo.

La realidad más sencilla que ofrece la naturaleza es la llamada **desintegración nuclear**.

El modelo vigente da por cierta que estas partes proceden de un «todo nuclear», en donde estos nucleones mantienen su individualidad, que es lo mismo que decir que mantienen su «superficie individual».

Pero ¿qué ocurriría si esta desintegración o fragmentación procediera de un «todo nuclear continuo» **con menor superficie que la** suma de las partes discretas? En el sentido de que, en vez de formar un todo constituido por «partes discretas», sería un todo sin «solución de continuidad», que es lo mismo que decir que no existen en su interior superficies limitantes de los corpúsculos que lo forman.

La respuesta es que al fragmentarse ese todo nuclear, las partes **tomarían** su «superficie limitante propia», de «algo» que, como se verá, adquieren del «medio en el que se fracciona» y esto se detecta por «la perturbación en este medio».

Esta posibilidad implica que parte del **volumen del medio** en donde se da la fragmentación de estos núcleos, pasa a ser «superficie» del nuevo fragmento, es decir, que la suma de las nuevas superficies de los fragmentos nucleares sería igual al **decremento** del volumen del medio en el que se produce

$$\Sigma \, S \text{ nuclear} = - \, \Delta \, V \text{ medial}$$

Para entenderlo voy a poner un ejemplo geométrico.

Tengamos un volumen V formado por una entidad continua, al decir aquí «continua», quiero expresar que no existen elementos discretos en ella o que es un todo uniforme, y la única superficie limitante es la superficie del volumen que ella forma con el medio rojo en el que está, representada por la superficie S, que voy a recalcarla por un trazo más grueso.

Ahora voy a fragmentar esta extensión por la actividad de una **entidad tensora del medio**, lo que da lugar a dos partes, de tal manera que el volumen fragmentado va a ser la mitad del volumen del núcleo del que proceden.

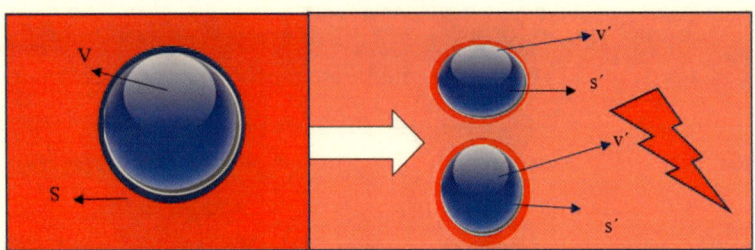

En el que se advierte que

$$V = 2v'$$

Sin embargo, si se profundiza en la **superficie** de los dos nuevos volúmenes, se advierte que **esta ha aumentado** con respecto a la superficie del primer volumen, es decir, que la superficie final es mayor que la superficie primigenia, que es lo mismo que decir que la superficie del todo primitivo es menor que las superficies generadas por la fragmentación.

La geometría nos informa de este hecho, pero las consecuencias físicas son muy significativas.

El Cosmos nos informa de la existencia al menos dos naturalezas, en la que en el capítulo anterior he deducido que toda fragmentación procede de la actividad de ambas naturalezas una sobre la otra.

Si se profundiza en este hecho llamado fragmentación, se presentan dos posibilidades:

Primera:

Si esto se produce en un **«medio» que no interviene** en este proceso, que es lo mismo que decir que **no se perturba** por la fragmentación de las partes, **el fenómeno de la fragmentación no tendría ninguna importancia** física. Esto ocurre cuando este análisis se hace desde el punto de vista geométrico, o en un «medio newtoniano-matemático», en donde el incremento de la superficie es una relación más matemática que perturbadora del medio.

En cambio en un «medio einsteiniano», que admite el medio espacial como **una extensión elástica** (como lo he estado analizando con esa entidad llamada espacio), permitiría pensar que este cambio de superficie **perturbaría** este medio elástico, es decir, que en la fragmentación se obtendrían además de **«fragmentos**-particulares», una «perturbación superficial» que se trasmite por ese medio, como se ha expuesto en el apartado anterior, y que podría relacionarse con la «energía del sistema».

Por otro lado, esta **perturbación no podría ser explicada** si se admite el modelo actual, es decir, el todo nuclear está formado por un agregado de partes discretas. Como se representa en los núcleos de los elementos químicos semejantes a la figura siguiente.

La fragmentación de este modelo daría lugar a entidades discontinuas.

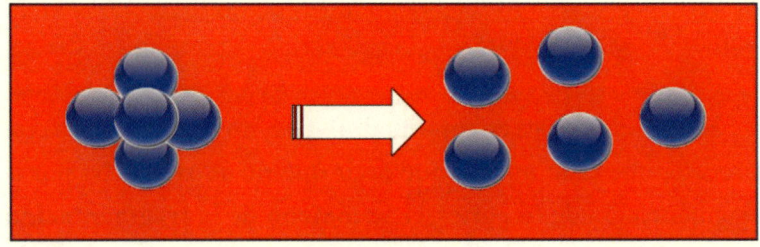

En cuyo caso, el volumen sería igual a la suma de las partes:

$$\Sigma v'=V$$

Pero a diferencia de la anterior **la superficie del sistema no varía**, es decir, también es la suma de las superficies:

$$S=\Sigma s'$$

Esto haría pensar que en la fragmentación de este todo nuclear no habría cambio de superficies y, por consiguiente, **la perturbación en el medio no se produciría**. Lo que significaría que el «todo continuo nuclear» explicaría de forma más sencilla la perturbación «actividad superficial del sistema» por la fragmentación de una entidad continua que la «no actividad» por la fragmentación de una entidad formada por partes discretas. Y esto llevaría a que la llamada **energía de fragmentación**, propia de la desintegración de los núcleos, es debida a un incremento de la superficie del sistema, por al paso de una entidad continua a discontinua y, como consecuencia, daría lugar a **una perturbación del medio elástico**.

Por otro lado, esta perturbación sería diferente a la **energía de agregación** o de coalescencia propia del paso de entidades discontinuas a coalescentes continuas.

Agregar:

Agregar es constituir un todo con las partes, lo que de nuevo llevaría a la pregunta: ¿qué «tipo de todo» es el que se forma? El que sigue manteniendo la discontinuidad de las partes, o el todo en el que las partes pierden su discontinuidad.

En el primer caso se necesita de la existencia de una fuerza que mantenga las partes, mientras que en el segundo caso se admite que las partes tengan un tensor interno que haga que se forme un todo homogéneo sin solución de continuidad, que voy a denominar **coalescencia**.

Ejemplo:

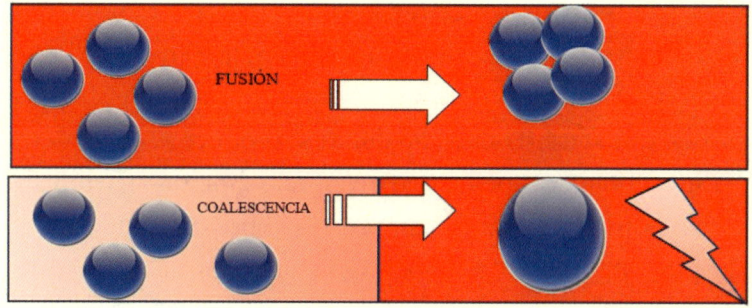

En ambos casos ocurre que el volumen de las cuatro partículas nucleares (v) es el mismo que la entidad agregada (V):

$$4\,v = V$$

Sin embargo, existe una diferencia. En el caso de la fusión, la superficie del nuevo cuerpo es la misma que las partículas individuales:

$$4s = 4s$$

Pero, en el segundo caso de la coalescencia, el nuevo cuerpo formado la superficie es diferente:

$$4s \neq S$$

En este caso, la superficie del cuerpo formado **es menor que la suma de las superficies** de las partículas:

$$4s > S$$

De nuevo, ocurre que, si esta última transformación se hace en un «medio» matemático, esto no significa nada, pero si se hace en un medio físico-elástico-einsteiniano, supondría también una **¡¡¡perturbación del medio elástico continuo!!!!!**, en forma de energía, como realmente ocurre en los procesos de fusión.

Lo que llevaría a dos tipos de perturbación, una cóncava en el caso de la perturbación de fragmentación, y otra convexa en el caso de la perturbación por coalescencia.

Esto hace que tanto los fenómenos de la fragmentación como en los fenómenos de agregación puedan dar lugar a cambios en la superficie del sistema que forman las partes, que en el caso la coalescencia daría lugar a una disminución de la superficie al formar ese todo que afectaría al medio donde se produce.

Este cambio de superficie en un espacio «inerte» newtoniano no significaría nada, sin embargo, en un espacio «elástico» einsteiniano, este cambio de superficies implicaría una «perturbación superficial-voluminosa» **de este** «medio espacial», que se observaría como una deformación de acción y reacción expresada por una onda en el medio elástico.

Para exponer esta posibilidad interpretativa voy a analizar la llamada fisión (fragmentación) y la fusión (agregación) nuclear.

Es admitido que la fusión nuclear es una agregación de partículas llamados nucleones, que dan lugar a un nuevo núcleo particular (elemento químico) o bien a la formación de un nuevo núcleo celeste (estrella de neutrones).

Todo esto se deduce, bien por la observación de la llamada fusión nuclear donde los nucleones se unen para formar un nuevo núcleo, o bien en la desintegración nuclear que da lugar a fragmentos del núcleo del que proceden.

En ambos casos se produce una **radiación energética** de compleja explicación, ya que necesita de la actividad de dos fuerzas y de ambiguas partículas gluónicas y bosónicas trasmisoras, pero ¿qué ocurriría si en lugar de ser expresado así, se realizara de otra manera, como es la que surge de esta nueva explicación de la fragmentación de una entidad continua o de la unión coalescente de las partes en un medio elástico?

Hasta ahora, se da por admitido que estos nucleones «permanecen en el núcleo de forma independiente», es decir, con superficies limitantes propias; este modelo de agregación individual de núcleos lleva acarreado un problema, y es que los nucleones, al poseer la misma carga, darían lugar a una fuerza repulsiva llamada coulombiana, que se relaciona con la cantidad y el inverso del cuadrado de la distancia; esto supuso que para explicar la estabilidad de los núcleos se necesitara de una fuerza que, al contrario de la fuerza coulombiana, se hiciera más atractiva a pequeñas distancias, como ya se ha expuesto, sin embargo, ¿no sería más sencillo si en lugar de fusionarse «individualmente» se fusionaran coalescentemente, debido a un tensor interno que hiciera que los nucleones «perdieran» su individualidad?

La coalescencia de partículas con tensores internos dentro de un nuevo volumen nuclear uniforme y sin solución de continuidad de las partes, explicaría mejor la energía desprendida por la diferencia de las superficies que por el «**defecto de masa**», necesario para explicar la energía electromagnética que se produce en la fusión de entidades nucleares discontinuas; lo que lleva a la pregunta: ¿A qué «masa» del átomo se refiere?, ¿a su volumen, a su cantidad de núcleo, o a la nueva superficie?

Anteriormente he expuesto que el cambio en la superficie de un cuerpo es un indicador de energía. En general, se considera que los nucleones están unidos por una energía de enlace que se mide por el trabajo mecánico que mantiene al objeto unido; y para fraccionarlo necesita una actividad que sea mayor que la energía de coalescencia. Una manera de visualizarlo es fragmentar una cantidad de mercurio líquido, que llevaría al modelo del «núcleo de la gota líquida» propuesto por G. Gámow.

Sin embargo, este modelo se podría exponer de otra manera: que esta «gota» no estuviera formada por entes discontinuos (nucleones), sino por una esfera uniforme, de manera que, cuando se fusionan las partes, de forma coalescente, se podría interpretar que los nucleones pierden su superficie individual; es decir, en lugar de pérdida de masa-volumen, como ahora se acepta, lo que en realidad ocurre es un cambio de superficies, donde la energía experimental que se irradia en la fusión nuclear podría proceder de la coalescencia de estos nucleones, por su «pérdida de superficie», que sería observada como onda electromagnética, la cual depende de las superficies de donde procede; en el caso de los núcleos es la radiación gamma, de longitud de onda menor, ya que procede de la menor superficie del sistema: la del **núcleo.**

En este caso, no sería necesaria una fuerza nuclear fuerte que una a nucleones discontinuos, ya que son los mismos nucleones los que poseen un tensor interno que trata de disminuir la superficie de la nueva estructura uniformada, perdiendo su **superficie individual.**

Lo anterior supondría que en lugar de una «transustanciación» **de materia en energía,** propuesta por Einstein, sería una «transformación» de la superficie del sistema, debido a que **la cantidad nuclear se mantiene,** lo que permitiría decir que la extensión nuclear se conserva.

Desde este punto de vista, estos procesos se analizarían de otra manera, donde por la coalescencia de partículas nucleares pasarían de ser superficies individuales y formar un núcleo coalescente uniforme de mayor magnitud pero menor superficie total.

La desintegración también sería explicada como una «trasformación», en este caso, de un núcleo uniforme y coalescente en «núcleos individuales» menores, lo que implica en ambos procesos una disminución o un aumento de la «superficie total» del sistema sin modificarse la cantidad, eso sí, produciendo una perturbación en el medio elástico en forma de radiación electromagnética, relacionado con la energía-superficie total.

Según esta hipótesis, ambos procesos supondrían un cambio de energía para el sistema, lo que llevaría a preguntarse: ¿qué tipo de energía sería esta?

La respuesta podría ser que tanto la explosión (desintegración) como la implosión (coalescencia) da lugar a una forma de energía (perturbación del medio elástico en el que se produce), esto podría explicarse no por la pérdida de componente nuclear, sino por pérdida o ganancia de las superficies del sistema.

Este proceso sería también aplicable a la otra extensión que constituye los sistemas naturales: la corteza.

Fragmentación y coalescencia cortical

Después de la exposición de la agregación y fragmentación nuclear, se podrían aplicar estos mismos procesos a las cortezas.

Ya he expuesto que los sistemas naturales están formados de una parte central nuclear, diferente de otra extensión que la rodea o porción cortical.

He tratado de exponer que esta porción cortical también es elástica y por ello también se puede fragmentar por la actividad sobre ella de tensores adecuados, a su vez, he analizado que también posee un tensor interno, que igualmente por su tendencia a ocupar el lugar que le corresponda podría fusionar a estas partículas, donde las deducciones que he expuesto anteriormente para el núcleo se podrían aplicar a esta extensión elástica que, para facilitar su comprensión, lo voy a representar por otro color.

Admitamos un microsistema natural (elemento químico) que posee una parte nuclear (azul) y una parte cortical (rojo).

Esta esfera que he representado como una capa esférica roja, al ser elástica, también se podría fragmentar si actuamos sobre ella, bien por la actividad interna del núcleo o por la actividad externa de la curvatura del medio en el que se halla. A su vez, como ocurre con el núcleo, también posee un tensor interno, que le permitiría sufrir un proceso de agregación de sus partes, lo que, al igual que en el caso del núcleo, daría lugar a un incremento de su superficie, pero no de su contenido; este cambio de superficie, igual que el cambio de superficie del núcleo, provocaría también una ¡¡¡¡**perturbación del medio cortical continuo**!!! en donde se produce en forma de onda electromagnética.

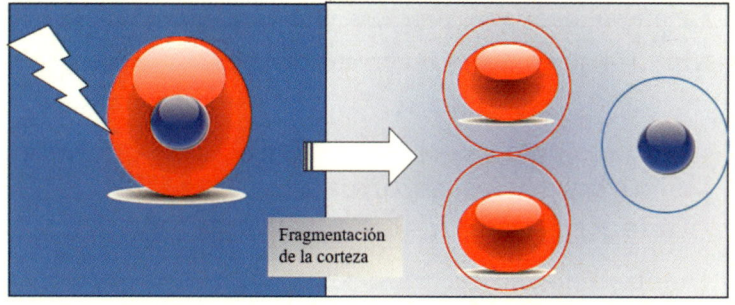

Fragmentación
de la corteza

Estos fragmentos de corteza, por su naturaleza y el lugar del medio y por el tensor externo que ocupan, tenderían a dirigirse a la curvatura del nuevo sistema, en esos lugares y por su tensor interno, vuelven a agregarse formando las cortezas de los nuevos sistemas, para dar lugar a un todo coalescente continuo que constituye la corteza de los nuevos macrosistemas.

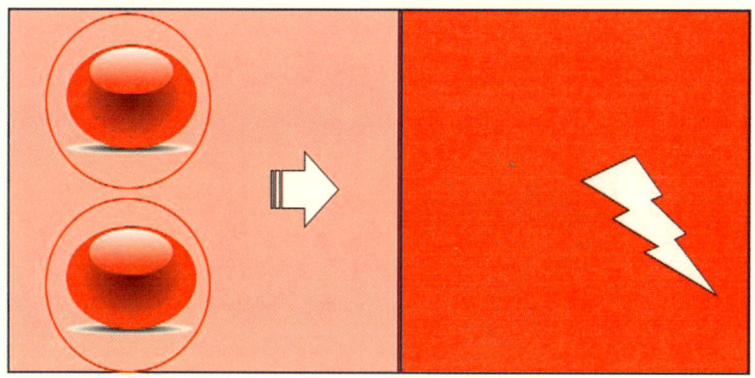

Al igual que ocurría con los núcleos, estas trasformaciones superficiales de las cortezas dan lugar a una perturbación en el «medio espacial cortical en donde se producen», donde, como ya se ha expuesto, al ser elástico, la fusión de estas microcortezas también da lugar a ondas electromagnéticas.

De nuevo todos estos procesos, tanto nucleares como corticales, tendrían que ver con las curvaturas de los sistemas en donde se producen.

Perturbaciones esféricas nucleares y corticales

Por otro lado, estas perturbaciones sobre el medio van a depender **de la parte** de **la capa esférica cortical o nuclear del microsistema** en que se produzca la perturbación, siendo por ello cuantificadas **dependiendo la capa que la produce**. Por esta razón las capas corticales al poseer mayor volumen y mayor superficie seria mayor su longitud de onda y menor su frecuencia, mientras que las capas esféricas nucleares, de menor volumen y menor superficie la longitud de onda sería menor y mayor frecuencia. Esta posibilidad es compatible tanto con las ecuaciones de Bohr como la de Sommerfeld, Schrödinger y Dirac.

Prontuario:

Este capítulo trata de mostrar otro punto de vista, de la formación y desintegración de los núcleos y de las cortezas de los microsistemas naturales, así como su repercusión en el medio elástico donde se produce.

Capítulo séptimo:
Análisis de las curvaturas de las extensiones que forman los sistemas naturales

«Las moléculas no son artificios matemáticos,
sino entes reales».

Einstein

¿Se debe la curvatura de Einstein a demás de la cantidad materia a la densidad de la materia?

El análisis filosófico del pensamiento einsteiniano fue el que me llevó a este nuevo punto de vista.

Einstein propuso que la gravedad no debería ser considerada como una fuerza en el sentido convencional, sino como una manifestación de la curvatura del espacio-tiempo, siendo esta curvatura provocada por la presencia de una «ingente» cantidad de materia que perturba dicha región limitante.

La existencia de una entidad extensa que rodea y, a su vez, es diferente a la materia, está intrínseca en la filosofía natural de los atomistas, sin embargo, nadie antes de Einstein había propuesto que esa «entidad extensa» que rodea a la materia podría ser curvada por la propia materia.

Esta idea desarrollada matemáticamente fue demostrada de forma empírica por Eddington, en las mediciones hechas sobre los ángulos de desviación de la luz proveniente de las estrellas en el famoso eclipse del año de 1919, donde los datos proporcionados estaban en concordancia con los datos predichos y deducidos de las ecuaciones einsteinianas; esta confirmación me abrió una nueva perspectiva que voy a detallar.

La propuesta matemática einsteiniana hizo pensar a Arthur S. Eddington que la tensión de la estrella solar sobre esa entidad que la rodea, como mejor se observa, es en la superficie limitante de la areola solar, es decir, en la zona de contacto con la estrella solar, lo que voy a denominar «la corteza de la heliosfera» que la circunda.

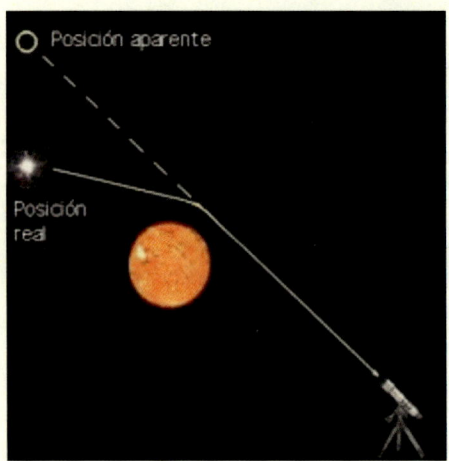

Esta idea la desarrolló Einstein sobre una relación que nace de la geometría hiperbólica de Ricci y cuyo desarrollo es complejo, aunque desde el punto de vista lógico, es relativamente sencillo, ya que la ecuación surge de relaciones de parámetros simples, como es la masa newtoniana del cuerpo (m), el radio de este cuerpo (r) y la velocidad de la luz (c); la adecuada correlación de estos parámetros, le llevó a poder medir el llamado «tensor de curvatura», cuya intensidad se mide por el ángulo de curvatura, posible de observar sobre un haz de luz proveniente de las estrellas, cuya situación estaba determinada antes de que la gravedad solar curvara la rectilínea luz proveniente de estas.

El ángulo de desviación (α) de la luz producido por una masa newtoniana (SOL), está expresado por la siguiente ecuación:

$$\alpha = \frac{Gm}{r.c^2}$$

Esta ecuación nace de la siguiente relación:

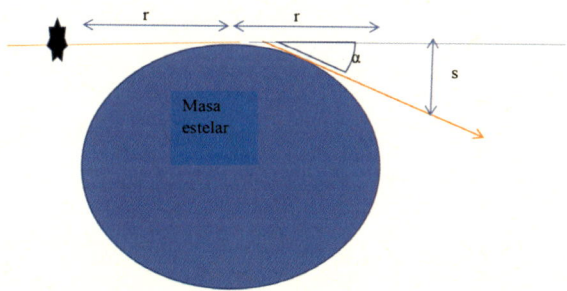

Sea una estrella de masa M (Sol), por cuya areola pasa un rayo de luz proveniente de otra estrella, este rayo al recorrer el diámetro (2r) de la estrella, según lo que prevé la *Teoría general de la relatividad*, el rayo de luz cae (se desvía) a una distancia vertical que corresponde a un ángulo α.

Según la ley de equivalencia expuesta por Einstein, la distancia a la que cae el rayo al recorrer la distancia 2r será:

$$= \frac{1}{2}gt^2 = \frac{1}{2}\left(\frac{GM}{r^2}\right)$$

Considerando que la luz se mueve con una rapidez constante c, el tiempo t que tarda un rayo de luz en recorrer la distancia 2r viene dado por:

$$t = \frac{2r}{c}$$

Sustituyendo t en la ecuación anterior resulta que:

$$s = \frac{1}{2}\left(\frac{Gm}{r}\right)\left(\frac{2r}{c}\right)^2$$

Cuyo resultado daría:

$$s = \frac{2Gm}{c^2}$$

El ángulo α expresado en radianes es igual a:

$$\alpha = \frac{s}{r}$$

Sustituyendo s, en la anterior ecuación se resumiría en:

$$\alpha = \frac{s}{r} = \frac{2Gm}{r \cdot c^2}$$

Hasta aquí, la ecuación einsteiniana.

Independientemente de los resultados, el hecho de que existiera cierta desviación demostraba la actividad deformadora de una gran masa newtoniana sobre el llamado espacio-tiempo, y explicaba no solamente la teoría general de la relatividad, sino también las órbitas de los planetas, la discrepancia en la órbita de Mercurio, etcétera y también una realidad impensable antes de la exposición de la *Teoría general de la relatividad*, como ya he expuesto: **la elasticidad de esa entidad extensa llamada espacio interplanetario.**

Lo sorprendente es que estas ecuaciones me llevaron a otra, como es la posibilidad de explicar las curvaturas que se observan en los microsistemas y que ocurren en los fenómenos tanto electromagnéticos como ópticos, y que, según la física actual, son imposibles de relacionar.

A semejanza de lo expuesto por la teoría einsteiniana, en los fenómenos electromagnéticos también se descubren «curvaturas» «en la extensión que rodea a una carga eléctrica», cuya realidad demuestra la existencia de un campo, en este caso, electromagnético; pero existe un axioma que dice **que la curvatura de los campos electromagnéticos no es debida a la distorsión en el espacio-tiempo**, aunque las ecuaciones de Dirac podrían llevarnos a otra conjetura como es la relación existente entre la distribución de la masa en los núcleos de las estrellas y la distribución de la masa en los núcleos de los elementos químicos expresada por «la densidad».

Si bien la cantidad de masa del Sol es muy grande su «densidad» (como conjunto) es relativamente pequeña, aproximadamente de 1,409 kg/m^3, mientras que la densidad atribuida a la masa elemental del núcleo es de 2,3 10^{17} kg/m^3, lo que implica una distribución de la masa diferente, aunque, a la hora de ser precisos, habría que decir que la densidad cambia según en qué parte del Sol se tome, ya que esta densidad varía gradualmente del núcleo a la corteza; la densidad de la zona central (núcleo solar) es millones de veces superior a la de la corona solar.

Se sabe que la densidad de un cuerpo (ρ) es la relación de la masa (m) y su volumen (V):

$$\rho = \frac{m}{V}$$

Y de ahí que la masa sería igual a su densidad por el volumen:

$$m = \rho \cdot V$$

Si se sustituye en la masa por la densidad en la ecuación einsteiniana, la desviación de un rayo sería:

$$\alpha = \frac{S}{r} = \frac{2G \cdot \rho V}{r \cdot c^2}$$

Esta desviación viene a decir que, además de la «cantidad de masa», podría ser también la «**densidad de la masa newtoniana de un núcleo**», la que modifica la zona cortical que rodea a los núcleos de los elementos químicos «curvándola en su proximidad».

Donde una masa muy grande pero de pequeña densidad podría producir el mismo ángulo de deviación a una distancia dada, que una masa muy pequeña pero de gran densidad a otra distancia menor; de tal manera que la luz rectilínea al pasar por los límites de un cuerpo de gran densidad de masa nuclear, a una distancia (r) de la zona nuclear, produciría la misma «desviación angular» que una cantidad mayor del núcleo pero de menor densidad, a una mayor distancia (R); es decir, que el ángulo de desviación (α), con cierto radio (r) de una densidad (ρ) puede ser igual que el ángulo de desviación (α), a cierta distancia (R) de densidad (ρ').

Esta modificación en la interpretación einsteiniana, llevaría a otra posibilidad que invita a una nueva reflexión: ¿podría producir una cantidad mínima de masa (m) de mucha densidad sobre la cantidad cortical que le rodea la misma desviación que una cantidad máxima (M) de pequeña densidad?

Si tomo una región nuclear:

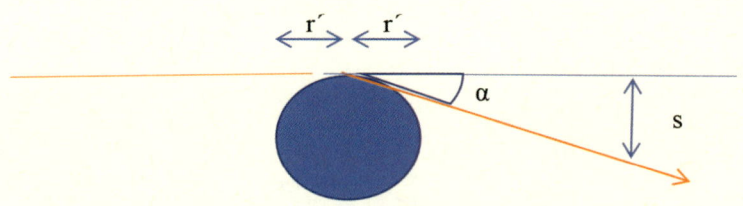

La ecuación einsteiniana admitiría que el ángulo de desviación del rayo de luz fuera igual:

$$\alpha = \alpha$$

Cuando:

$$\rho \neq \rho'$$

Eso sí, variando los parámetros G, r o V.

Esto me sorprendió porque llevaría a una relación entre los tensores nucleares del macrocosmos con los tensores nucleares del microcosmos, dada la coincidencia de que su naturaleza es la misma.

Esto explicaría un fenómeno sabido desde la antigüedad como es que la luz es desviada por los cuerpos refringentes[7], pero esta propiedad nunca se ha analizado como una curvatura en la corteza de un elemento químico de una masa muy pequeña pero con una densidad muy grande, como son los núcleos que componen estos materiales transparentes.

El analizar la refracción desde este punto de vista, expresada por la desviación de los rayos de la luz blanca a su paso por un prisma óptico (y que esta fuera debida a la curvatura que producen los núcleos de los elementos sobre sus cortezas, que como se sabe componen estos cristales), llevaría a la conclusión de que los fotones rectilíneos son desviados por la actuación de estos núcleos sobre la corteza de los elementos químicos y, de ser así, conduciría a una relación entre el macrocosmos y el microcosmos, basada en los principios geométricos propuestos por la filosofía einsteiniana.

Al analizar este fenómeno desde este punto de vista, encontré también una curiosa relación existente entre la espectrometría de masas y la espectrometría de difracción.

Se sabe que las desviaciones de los «isótopos cargados», al ser introducidos en un campo magnético, siguen las curvaturas producidas por los campos electromagnéticos, y la desviación de estas «curvas» tiene relación con las masas de los núcleos de los elementos estudiados.

---

[7] Refringencia: Capacidad de cambiar la dirección de los rayos de luz u otra radiación electromagnética al pasar oblicuamente de un medio a otro.

Al pasar por un campo magnético (campo curvo), este campo curvo ejerce sobre los isótopos cargados unas desviaciones que dependen de la carga, y su mayor o menor grado de desviación no depende de la corteza sino del núcleo de estos elementos químicos.

Se sabe que los isótopos, si bien poseen la **misma carga** negativa después de ionizarlos, que sería como decir la misma «corteza», en cambio poseen **diferente núcleo**. Cuando el ionizador carga negativamente a estos isótopos y los dirige sobre un campo magnético, al poseer diferente núcleo, son desviados con ángulos diferentes: los isótopos con mayor núcleo son desviados con un ángulo de desviación mayor que los que poseen menor cantidad nuclear, dando lugar a un espectro relacionado con los núcleos de estas partículas.

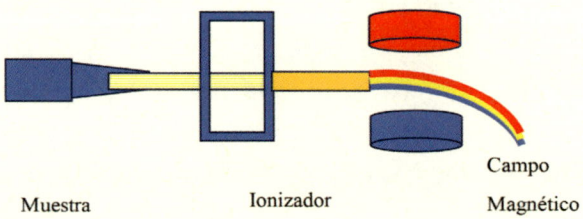

Muestra   Ionizador   Campo Magnético

Ahora bien, si en lugar de analizar la desviación por la actividad del campo magnético que, como ya he expuesto, podría ser una región de curvatura gaussiana semejante a las curvaturas campales de las curvaturas einsteinianas, se podría deducir lo mismo, si se aplica esta misma actividad curvadora al «campo» formado por un núcleo hiperdenso de los elementos químicos que componen los medios refringentes; esto llevaría a que los fotones, al pasar por la curvaturas de esos campos que voy a denominar corticales, serían desviados por su interacción cortico-nuclear, cuya «cantidad» nace de la relación existente, según la ecuación einsteiniana entre la masa y la energía expresada de manera sencilla por:

$$M = \text{Cantidad nuclear} = E/c^2.$$

Esta cantidad de masa-energía se podría relacionar, como hizo Broglie, con la ecuación de Planck nacida de la relación de la energía-frecuencia (v) de la radiación electromagnética.

$$Ep = hv,$$

donde se podría relacionar la energía tanto con la frecuencia (v) de Planck, como con la cantidad nuclear (m) nacida de la «ecuación másica» de Einstein.

Si se igualan estas energías llevaría a que:

$$hv = k \, mc^2,$$

donde despejando m:

$$m = hv/k \, c^2,$$

se podría decir que la m, expresada por la cantidad nuclear, se podría relacionar con la «frecuencia», y donde se deduciría que aquellos fotones con mayor frecuencia poseerían mayor **cantidad nuclear**, y el ángulo de desviación sería debido, según expongo, a las «curvaturas» producidas en las cortezas por los núcleos de los elementos químicos sobre las microcortezas elementares; deduciendo que serían estas «curvaturas» las causantes de esta desviación y, esta posibilidad, llevaría a que los fotones «más energéticos-nucleares», se desviarían más que los fotones menos «nucleares» energéticamente hablando. Esta proposición se cumple cuando se experimenta con un prisma óptico, y la observación nos demuestra que el color con mayor frecuencia, el fotón azul, al ser más energético según Planck, sería también, según la ecuación einsteiniana, el «más nuclear» y, por ello, al igual que ocurre con los isótopos, se desviaría más al pasar por el prisma como efectivamente ocurre, siguiendo los demás colores una desviación según su grado de masa-energía.

Esta nueva posibilidad, deducida de la estructura de los sistemas cortico/nucleares, llevaría a que la desviación de los fotones sería debida a un cambio de dirección, causado por la «curvatura de las microcortezas» de los componentes del prisma óptico y sería semejante al cambio que se produce en la luz procedente de las estrellas en una gran estrella pero de pequeña densidad.

Esta posibilidad lleva a más, pensar que las «curvas gaussianas de las cargas» podrían ser en realidad curvas de los núcleos de los microsistemas con una masa muy pequeña y densa, que sorprendentemente relacionarían las «curvaturas» de los campos gravitatorios con las «curvaturas de los campos electromagnéticos».

Prontuario:

En este capítulo he tratado de exponer un pensamiento físico-filosófico que nace de relacionar una ecuación einsteiniana, la desviación de la luz por una gran masa estelar con la desviación que se produce en los medios refringentes, y observar estas desviaciones como una consecuencia de la actividad de los micro e hiperdensos núcleos (que forman estos medios) sobre sus microcortezas, donde esta curvatura es la que desviaría los rayos luminosos que pasan a través de ellos.

Capítulo octavo:
La carga eléctrica como actividad de núcleos y cortezas discontinuos sobre la corteza universal continua

Microsistemas con dos extensiones extensas discontinuas rodeados de una extensión de cortical elástica y continua de los macrosistemas.

Los argumentos presentados en el capítulo anterior permiten deducir otra posibilidad, basada en que los fenómenos eléctricos podrían ser consecuencia de la actividad de una discontinuidad nuclear o una discontinuidad cortical sobre la continuidad del medio cortical elástico que los rodea, donde, como anteriormente he expuesto, este medio elástico cortical de los macrosistemas podría ser **consecuencia de la fusión de las microcortezas de un elemento químico primordial: el hidrógeno**.

La carga como realidad de la interacción de dos extensiones discontinuas (micronúcleo y microcorteza), sobre una extensión continua (macro espacio)

Cuando aplicamos la física einsteiniana desde este nuevo punto de vista de núcleos y cortezas, aparece un nuevo modelo de la actuación de los campos eléctricos y magnéticos.

Hasta ahora se han analizado a estos como una actividad de «flujos eléctricos» que emanan radialmente de las cargas o de los polos.

Fue el descubrimiento de Oersted el que puso de manifiesto, por primera vez, la relación entre el magnetismo y la electricidad, que se creían fenómenos diferentes, donde una corriente eléctrica «en movimiento» «creaba» un campo magnético capaz de mover la aguja de una brújula situada a corta distancia; esta proposición, pero de forma recíproca, fue confirmada por Faraday cuando demostró que se producía una corriente eléctrica al mover un imán dentro de un solenoide fijo de cobre o al mover un solenoide que contenía en su interior un imán fijo.

En ambos casos, era el «movimiento», ya fuera de uno u otro, el «creador» de un campo eléctrico o un campo magnético.

Si se profundiza en el concepto de campo eléctrico, se descubre que existen dos entidades extensas; una la carga positiva y otra la carga negativa, creadoras de un campo eléctrico que, hasta ahora, se ha considerado que es de diferente naturaleza al campo gravitacional newtoniano.

Sin embargo, existe una similitud mecánica y una relación geométrica entre el campo producido por una **masa hiperdensa**, y el campo formado por la **carga positiva**, donde coinciden en su actividad centrípeta, y su ubicación: **el núcleo**; también en ambos la intensidad es proporcional a la **inversa del cuadrado del radio** (superficies esféricas); lo que ocurre es que existe una gran diferencia, dado que las cargas positivas se repelen y las masas se atraen; el profundizar en esa diferencia me llevó a otro punto de vista que nace al analizar esa entidad externa llamada campo.

Desde que se introdujo el concepto de «campo» por Faraday-Maxwell para el estudio de los campos electromagnéticos y su desarrollo por Einstein en los campos gravitatorios, el modelo a tener en cuenta es el de una **región externa** (extensión medial) que rodea a estas partículas, y que es modificada o deformada por las cargas campos electromagnéticos o por la masa campo gravitatorio; pero este **medio** no se especifica si es otra naturaleza de la naturaleza, o simplemente es una entidad metafísica; al decir metafísica, quiero expresar una entidad que «por sí misma» no es activa.

Sin embargo, después del descubrimiento einsteiniano de que estos fenómenos que se producen en un campo gravitatorio son debidos a la modificación de la extensión espacial que los recepciona, y que se observa por su capacidad de **curvarse**, me pregunté: ¿podría ser esa entidad llamada carga la misma entidad que la masa hiperdensa newtoniana nuclear la que formaría los campos eléctricos, y que sea este medio continuo, producto de la fusión de las microcortezas, como ya he expuesto, el **verdadero creador del campo eléctrico**?

Fueron las ecuaciones einsteinianas de la teoría de la relatividad general las que me hicieron analizar la carga como realidad de una curvatura einsteiniana, producida por una entidad que, si bien pequeña, está muy concentrada, y que fuera ella la que «modificaba» el medio elástico que la rodea, y que en realidad sería este medio el que produce el «campo eléctrico positivo», de curvatura convexa; pero esto no explicaría por qué estas masas hiperdensas no se atraen, sino que, por el contrario, se repelen.

La respuesta la encontré en que el **medio que rodea a estas masas nucleares** y la **convexidad que estas producen en dicho medio continuo cortical** podrían estar regidos por el mismo principio que gobierna el de la exclusión de Pauli para los electrones; es decir, que este medio no permite a otro campo convexo de la misma curvatura y, por ello, de la misma intensidad, penetrar en él, no siendo esta masa **sino el medio, responsable de esta repulsión.**

Si bien esto explicaría la carga positiva y su relación con la hiperdensa masa nuclear de los protones, la siguiente pregunta sería: ¿cuál es el origen de esa otra carga llamada negativa?

Los electrones como actividad de las microcortezas sobre el medio que los recepciona

Antes de exponer esta exposición habría que decir que a diferencia de la carga positiva que se dispone en el centro, la carga negativa se dispone en la corteza de los microelementos y es el origen de las **microcapas corticales.** Estas microcapas hay que analizarlas como una «microcorteza» imbuida en otra corteza, que si bien de la misma naturaleza cortical, se comportan de manera diferente.

Una corteza sería el espacio continuo, formado por la fusión de las cortezas discontinuas, y la otra la que forman las propias cortezas discontinuas de este elemento; esto permitiría pensar que **el origen de la carga negativa sería la actividad de una entidad discreta cortical sobre el medio elástico (espacio continuo) que la recepciona.** Es decir, una deformación de otra entidad que tuviese la capacidad de poseer «forma propia» expresada por ser elástica, donde las cargas positivas y negativas modifican la «forma» de esta región.

La idea anterior no se pudo intuir al considerar el campo eléctrico negativo como una entidad que fluye desde una carga, donde este «flujo» está representado por «líneas de fuerza», que Faraday consideró como «tubos» que formaban el campo o «región de fuerzas tubulares», de hecho, pensó que esta extensión se «creaba» más por las fuerzas «curvas circulantes», que por la actividad mecánica (tensor superficial) de las partículas centrales sobre el tensor elástico del medio.

Sin embargo, Einstein, aunque también explica su campo como **flujos**, abrió otra posibilidad, la de que esa «otra» extensión cortical podría ser modificada por una entidad central; **pero solo lo aplicaba al «espacio macrocósmico»**, y para ello necesitó de una gran cantidad de materia que produjera esta deformación, cosa que no ocurre en las cargas discretas.

Por esta razón, el modelo que se plantea aquí sería diferente, y nace de la suposición de que la microcorteza cortical que rodea al núcleo también se fragmenta, formando espacios discontinuos, que voy a denominar «corticones», donde este corticón individual es capaz de perturbar el medio formando una **curvatura cóncava** en el medio elástico que los sustenta, a diferenciaría de los «nucleones», en donde su tensor interno crea una **curvatura convexa**.

Curvaturas cóncavas y convexas del medio elástico

Los conceptos cóncavo y convexo se utilizan para describir las formas y curvaturas de diferentes objetos. Aunque pueden parecer similares a simple vista, en realidad poseen características distintas que es esencial conocer, y por ello sería necesario explicar con detalle las diferencias entre estas dos propiedades geométricas.

Una curva se considera cóncava si, en cualquier punto de la curva, la parte interior de la misma se encuentra en el mismo lado. Es decir, si trazamos una línea recta entre dos puntos de la curva, todos los puntos de esa línea se encuentran en el interior de la figura, un ejemplo, un cuenco.

Es interesante saber que, en matemáticas, una función se considera cóncava si su segunda derivada es negativa en un intervalo dado. Esto significa que la pendiente de la función decrece a medida que nos desplazamos de izquierda a derecha.

Mientras que una curvatura es convexa cuando, al trazar una línea recta entre dos puntos de la curva, todos los puntos de la línea se encuentran en el exterior de la figura. En otras palabras, la parte interior de la curva se encuentra en lados opuestos. Un objeto con curvaturas convexas sería un balón.

En matemáticas es interesante saber que una función se considera convexa si su segunda derivada es positiva en un intervalo determinado. Esto implica que la pendiente de la función aumenta conforme nos desplazamos de izquierda a derecha.

Sin embargo, esto se podría exponer desde el punto de vista físico, donde la curvatura es consecuencia de la **actividad** de una extensión sobre otra, como sería el caso de la materia sobre el espacio-einsteiniano, donde **la curvatura convexa** se representa como actividad central sobre otra periférica, pero existe otra **actividad**: la **curvatura cóncava**, que sería la actividad de una extensión cortical sobre otra central, como se expuso en los fluidos y que ya he en la actividad de los cuerpos cargados positiva y negativamente sobre el medio cortical que los rodea.

La neutralidad de carga como equilibrio de dos microextensiones de naturaleza diferente y curvaturas diferentes

Esta conjetura seguiría otro modelo basado en que los campos magnéticos y eléctricos son en realidad perturbaciones en el medio elástico de entidades discretas que se fragmentan o se fusionan, independientes de la «entidad cortical» continua que los soporta, siendo esta la que **se curva**, y cuyo ejemplo serían los llamados cationes (carga positiva) creadores en este medio de la curvatura convexa; de curvatura contraria serían los aniones (carga negativa), que perturbaría a este medio con una curvatura cóncava.

Estas dos curvaturas se anulan cuando se «equilibran» individualmente ocupando cada una de ellas el lugar que le corresponde, formando un elemento corticonuclear «neutro», y por ello no ofrecen en ese medio ninguna curvatura aparente.

La formación de los cationes y los aniones podría representarse estructuralmente con la siguiente figura. En este caso, la fragmentación de la corteza con la pérdida de una fracción (corticón) y la formación de un catión.

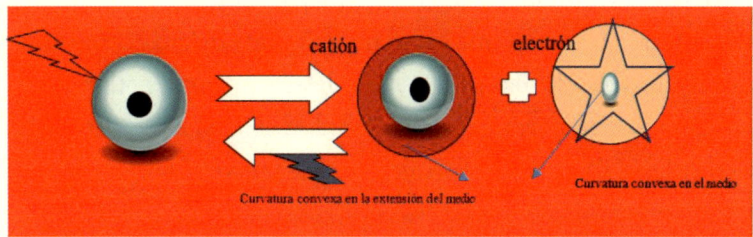

El catión en ausencia del electrón deformaría la extensión del medio espacial continuo que la recepciona; esta región sería de simetría esférica cóncava alrededor del núcleo y se forma por la actividad del núcleo hiperdenso sobre el medio. Mientras que el electrón que surge en la fragmentación de la capa cortical, además de perturbar el medio, como ya se expuso, también produce una partícula cortical que deforma el campo con curvatura cóncava. Las deformaciones tanto cóncavas como convexas forman curvaturas concéntricas en forma de superficies esféricas, relacionadas con la función cuadrática del radio, que parte del centro ocupado por la carga.

Estas dos entidades son de «simetría en capa centradas», en cuyo centro se encuentra una entidad extensa bien cortical o nuclear, cuya intensidad depende de la distancia a la que ambas perturban el medio; en el caso de la carga-masa positiva forma curvaturas convexas sobre el medio cortical que la recepciona.

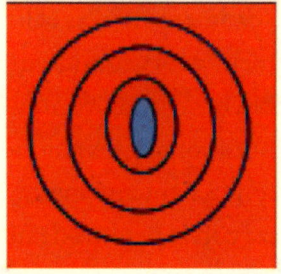

Mientras que el corticón, como particula discontinua carga-corteza, da lugar a una carga negativa que origina otro campo de «simetría centrada», y que se podría representar como una actividad contraria (concavidad), sobre la extensión continua que lo contiene, llamado campo eléctrico negativo.

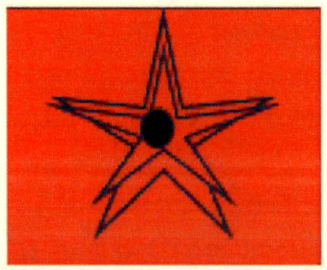

Esta posibilidad me lleva a la existencia de dos cortezas, una la **corteza continua** de los macrosistemas (medio) y otra la **corteza discontinua** o corticón, ambas de la misma naturaleza pero con dos actividades diferentes: una con actividad plana asintótica (macrosistema), y otra con la actividad cóncava de los microsistemas.

Estas micropartículas corticales cóncavas se adaptarían a la extensión campal producida por la actividad convexa de la entidad hiperdensa nuclear, anulándose sus curvaturas donde la curvatura convexa que la entidad central nuclear produce, originando una simetría neutra cuando la curvatura central se equilibra con las curvaturas cóncavas de las microcortezas dando lugar a las capas corticales.

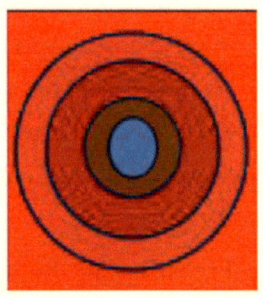

Las capas corticales

Si bien el núcleo que se ubica en el centro de los microsistemas se puede fragmentar (desintegración) en entes discontinuos llamados nucleones, nunca se ha analizado la **corteza** como entidad natural que ocupa la periferia de los sistemas, y por ello nunca se le ha considerado como otra capa que puede fragmentarse en entes individuales o corticones; esto es debido a que, al analizar la estructuras de los elementos químicos, el modelo establecido fue de una corteza formada por entidades discontinuas que «orbitan alrededor de un núcleo», llamados electrones, estando estos ocupando una entidad «espacial» que no participa en el proceso de estos, y cuyo modelo es el espacio existente en la mecánica clásica, con respecto a los planetas; en dicho modelo se da por supuesto que existe un vacío carente de propiedades mecánicas que les sirve de receptáculo, y que lleva a suponer que la extensión cortical de las cortezas de los microsistemas es tan platónica e ideal como la extensión que rodea a las estrellas.

Este modelo sirvió para explicar la estructura de los elementos químicos sobre la base de los espectros observados; análisis posteriores, llevaron a nuevas propuestas que, si se profundiza en ellas, conducirían más a la concepción que trato de exponer; actualmente se acepta la existencia de **una corteza formada por «capas electrónicas»** que permiten analizar a los espectros atómicos como una combinación de las oscilaciones fundamentales de estas capas propuesta por Schrödinger, lo que ocurre es que este pensamiento llevó a la **indeterminación** de dos parámetros, como son la posición y el momento de las partículas.

A mi entender, la posición y el momento de un electrón que surge del fraccionamiento de las capas no son indeterminados, sino que surgen en el **proceso aleatorio** de la fragmentación de capas uniformes, que si bien no tiene **una posición definida** en dicha capa, ya que en ella **«no es fragmento»**, pero sí ocupa un **lugar** en esa capa elástica «continua», y por ello **no se dispondría por su cinética sino por su naturaleza**, en donde una vez separado como fragmento de esta capa, la velocidad de este fragmento cinético llamado electrón dependería de la posición **cortical** de la capa que se fragmenta; y la perturbación (radiación electromagnética) dependería de la ubicación de estas capas y su repercusión sobre el medio elástico donde se produce, dando lugar a diferentes tipos de frecuencia y longitud de onda.

Los números cuánticos se podrían exponer según este modelo, desde otro punto de vista, donde, por ejemplo, el espín[8] realmente no tiene una representación en términos de coordenadas espaciales, y por ello no se puede referir a ningún tipo de movimiento. Eso implica que cualquier observador, al hacer una medida del momento angular, detectará inevitablemente que la partícula posee un momento angular intrínseco total, difiriendo en observadores diferentes solo sobre la dirección de dicho momento, y no sobre su valor (este último hecho no tiene análogo en mecánica clásica).

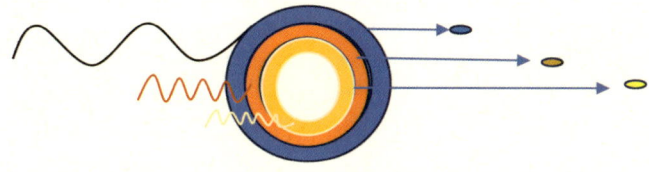

Campos magnéticos, como perturbación en un medio cortical elástico producido por un microsistema asimétrico

A su vez, este análisis estructural, abre otra posibilidad, observar los campos magnéticos como verdaderos campos **eléctricos estáticos y asimétricos**.

Hasta ahora se ha analizado el campo magnético como una variación del campo eléctrico, sin embargo, el supuesto expresado por la existencia de núcleos y cortezas en los microsistemas podría llevar a otra posibilidad, como la formación de un campo magnético producido por la **disposición asimétrica** del micronúcleo y su microcorteza en los microsistemas, que se produce en ciertos elementos químicos; y la repercusión de esta asimetría

---

8   Espín: Propiedad física de las partículas elementales por la cual tienen un momento angular intrínseco de valor fijo.

sobre **el medio que los acoge**, cuyo conjunto da lugar al campo magnético.

La anterior idea está presente en los llamados dipolos, donde la carga asimétrica cóncava perturba el medio de la misma manera que la carga asimétrica convexa, dando lugar a un campo de curvaturas concavoconvexas que actúan sobre el medio; este modelo estático no sería consecuencia del movimiento de la cargas, sino de la **asimetría estática** existente entre el núcleo y la corteza y su actividad sobre el medio elástico que las rodea.

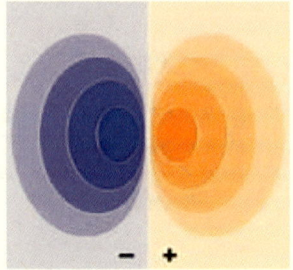

El magnetismo, como asimetría de cargas, expresada por la asimetría posicional de un microsistema núcleo-cortical y su actividad sobre el medio

Para analizar este nuevo punto de vista, habría que partir de un elemento neutro como aquella entidad donde su cantidad de núcleo (concavidad) se iguala simétricamente con la cantidad de la corteza (convexidad), alcanzando una simetría esférica sin actividad corticonuclear.

Hasta ahora se ha analizado esta simetría como el producto de un campo de curvaturas neutralizado por la existencia de diferentes cargas, donde la actividad de una es neutralizada por la diferente actividad de la otra; sin analizar el medio en el que se produce.

Si se observa la actividad de estas cargas individuales sin que se neutralicen entre ellas y considerando el medio sensible a estas, se descubre una actividad que podría ser debida a la **perturbación de estas cargas en el medio elástico en el que ocurre**, dando origen a un campo eléctrico concéntrico a la carga que la produce, y donde la perturbación es de diferente sentido en una y en otra.

Lo que ocurre es que los elementos químicos poseen por ellos mismos dos entidades, un núcleo y una corteza, que en caso de simetría entre ellos no originan perturbación en el medio, pero esto no se presenta en los elementos ferromagnéticos, formados, según este supuesto, por estas mismas extensiones situadas asimétricamente, que originarían individualmente y por extensión en los cuerpos que ellos forman, un campo eléctrico asimétrico, el cual se manifiesta porque perturba de «diferente» forma el medio elástico en el que se encuentra, origen del campo magnético de estos elementos en reposo.

Un ejemplo de campo magnético es el que se da en ciertos metales como el hierro; este elemento químico tiene un núcleo y una corteza, y cuando estas extensiones son simétricas, compensan la curvatura de la corteza con la curvatura del núcleo o, dicho de otro modo, la curvatura de la entidad cortical (capa cortical) con la curvatura del núcleo (capa nuclear), no presentando asimetría local. En cambio, por la actividad de una «curvatura externa» producida por un **campo magnético externo**, el núcleo de este microsistema se desplazaría asimétricamente en relación con su «propia corteza», creando doble extensión cortical, una que corresponde a la corteza del microsistema (capa cortical), y otra al núcleo asimétrico que curva el espacio del medio del macrosistema universal que lo sustenta.

La representación en este caso de la asimetría del microsistema sería esta:

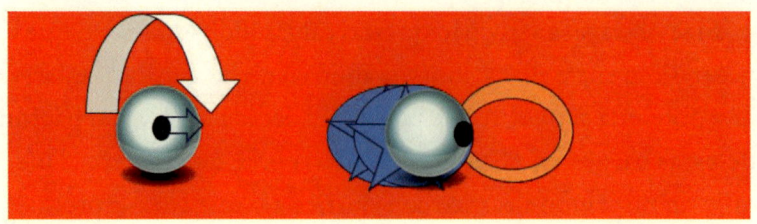

En la figura, un elemento químico sobre el que actúa una curvatura externa estática o cinética (diferencia de potencial) da lugar a una asimetría. Esta posibilidad describiría por primera vez la realidad del concepto de carga y de polo desde otro punto de vista.

Campo magnético formado por la asimetría de cargas en movimiento sobre el medio

Basándose en la asimetría, se observa que también esta se podría producir por **el movimiento** de las partes individuales de los elementos neutros que forman un hilo conductor de electricidad; en los que si no existe movimiento (corriente eléctrica) no habría asimetría (no existencia de campo magnético). Pero **si existe corriente eléctrica**, debida al movimiento desigual de las **partes de estos elementos**, sí da lugar a una asimetría en los componentes cortico-nucleares que componen el sistema hilo-conductor; y es la diferente velocidad de estos corpúsculos, la que se traduce en una deformación en la simetría de estos, y por ello en el medio en el que se produce, siendo esto el origen del campo magnético que emana de las cargas en movimiento.

Por otro lado, la asociación de las cargas en movimiento y la formación de un campo magnético está unida a la creación de una onda electromagnética, ya que, como se sabe, el movimiento de las cargas produce también una perturbación en el medio elástico, cuya velocidad es más rápida que la velocidad de las cargas que la producen, dando lugar a una onda electromagnética.

Este postulado expresa de otra manera la formación de campos magnéticos, en donde no serían «campos eléctricos variables» los que generan campos magnéticos, sino que cargas eléctricas en movimiento darían lugar a asimetrías de los microsistemas que las forman, y ello a una actividad asimétrica sobre el medio.

También explicaría la formación de una campo magnético en un hilo conductor el desplazamiento de las cortezas de los elementos químicos que lo forman, puesto que, debido a la diferencia de potencial entre las curvaturas externas que origina este movimiento de las «cortezas», se produciría una «asimetría» no solo de los electrones y por consiguiente del sistema cortical del alambre, sino de los núcleos, que al estar estáticos o «desplazarse» lentamente dentro de su sistema de referencia, dan lugar a una asimetría del sistema creando una carga asimétrica en el medio y, por ello, «curvan» «el espacio exterior universal que sirve de referencia», «creando» un campo magnético.

Representación estructural de este modelo:

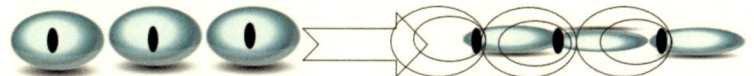

Prontuario:

Este capítulo trata de exponer, por un lado, la interacción de unos corpúsculos nucleares y corticales individuales sobre el medio que los recepciona, manifestándose en las curvaturas que ellos producen; en el caso de las cortezas es cóncava y si es nuclear convexa, anulándose estas curvaturas cuando forman un microsistema neutro isométrico. Por otro lado, la interacción sobre esta corteza es debida a la existencia de microsistemas con núcleo y corteza asimétrico dando lugar a lo que se llama un campo magnético. Esta asimetría también se puede producir por el movimiento diferente de los núcleos y las cortezas en un hilo conductor dando lugar a un campo magnético.

Capítulo noveno:
Un concepto nuevo de tiempo, expresado por tiempo-densidad o tiempo-curvatura

Con la revolución einsteiniana, esa oscura palabra llamada tiempo pasó de ser una entidad absoluta a una entidad relativa dependiente de la velocidad del observador, o de la diferente situación del observador en relación con su campo gravitacional; a su vez, este nuevo concepto temporal eisnteniano va más allá de su medida cronológica, transformando el tiempo en una nueva dimensión, expresada como un nuevo parámetro de una nueva geometría; que se podría llamar la geometría de la curva, donde el concepto de evento tiene igual importancia que la posición-localización, valiéndose para ello de un nuevo absoluto: la velocidad de la luz, que sirve de soporte para describir sus sistemas referenciales.

Sin embargo, existe otra posibilidad que ofrecen los fenómenos naturales: la inmovilidad; es decir, el concepto de tiempo que surge del análisis de dos sistemas que están en reposo; en este caso, el movimiento desaparece y, en cierta medida, el concepto de tiempo.

Voy a tratar de exponer un nuevo estado en el que aparece la curva-composición-disposición del estado en equilibrio posicional, donde el concepto tiempo surgiría no como una variante del movimiento, sino como el orden de las partes sin movimiento, y con ella la disposición de las partes utilizando para su medida otro parámetro: la densidad; de ahí que trate de exponer una nueva relación entre el tiempo y la densidad y esta con la velocidad de la luz, expresada por el índice de refracción.

El tiempo es un concepto que surge del movimiento y su repetición en la distancia, cuya magnitud se mide por un aparato llamado reloj, y que independientemente de que sea considerado una dimensión, implica la realidad de un periodo repetitivo comparativo, y de ahí un nuevo concepto; la **cronicidad**. Siendo este nuevo concepto la relación existente entre la medida del tiempo (reloj) y el sistema de referencia que se toma para medirlo: la velocidad de la luz.

Fue Aristóteles el gran definidor de conceptos, entre ellos, el tiempo, el que sostuvo que el tiempo no es movimiento sino una medida del movimiento. Un movimiento implica un cambio de ubicación en el espacio, rasgo del que el tiempo carece.

Por otra parte, un movimiento ocurre con mayor o menor rapidez. Si bien es parte del lenguaje común hablar del «transcurso del tiempo» podríamos preguntarnos: ¿con qué velocidad transcurre el tiempo? Las simples respuestas: «A un segundo por segundo» o «A una hora por hora» nos ponen en evidencia que el tiempo carece de velocidad. «El paso del tiempo» o «el tiempo pasa» son meras expresiones metafóricas que implican la ocurrencia de acontecimientos, de eventos a los que le asignamos un orden temporal. Aristóteles abordó el concepto de tiempo desde un punto de vista del número del movimiento según lo anterior y lo posterior; el tiempo para este gran filosofo no es, pues, movimiento en sí, sino su aspecto numerable.

Pero el problema está en la interpretación de «esa medición», es decir, el anterior y posterior, se puede medir, como «repetición de una distancia» (periodo) o «como velocidad de esa repetición» (movimiento), y es esta medición la gran revolución de la física einsteiniana, al descubrir que la velocidad de la repetición tiene un número máximo que es la velocidad de la luz en el vacío. Pero, si se profundiza en este concepto, existe un fenómeno que no se tiene en cuenta: «la repetición de una distancia» o «frecuencia», que queda marcado en el famoso desplazamiento de las rayas de los colores (desplazamiento al rojo o al azul), que según la física einsteiniana ya no es dependiente de la velocidad del móvil, sino de la velocidad del sistema referencial, dejando de tener en cuenta otra posibilidad, que paradójicamente él descubrió; «la curvatura en la que se produce el fenómeno», cuando el sistema está en equilibrio.

Un ejemplo: se sabe que la velocidad de la luz es diferente en el agua, en el vidrio, en el aire, etcétera, a esta diferencia se le llama índice de refracción; sin embargo, en todas estas sustancias la frecuencia del color es la misma, de hecho, el amarillo sigue siendo amarillo en el agua, así como el rojo y demás colores, la realidad de los colores de los peces lo certifica; a la vez, este amarillo, rojo, azul, verde, etcétera, son iguales en el aire; esto me indujo a preguntar: ¿tiene algo que ver la velocidad de la luz en estos medios con la frecuencia?

Existe una ecuación que relaciona la velocidad de la luz con la longitud de onda y la frecuencia, siendo esta última inversamente proporcional a la velocidad de la luz, lo que me llevaría a la siguiente pregunta: ¿disminuyen la frecuencia y la longitud de onda en la misma proporción cuando se «enlentece» la luz en los medios refringentes? La respuesta que ofrece la naturaleza es que la frecuencia no cambia, mientras que sí lo hace la longitud de onda. La explicación a esta paradoja fue analizar el efecto Doppler desde otro punto de vista, que voy a denominar «efecto

Doppler en reposo», que tiene que ver con el efecto Doppler de los cuerpos en movimiento.

Efecto Doppler:

Como es sabido el efecto Doppler no es más que el cambio del sonido debido a la alteración de la frecuencia de un móvil, expresada en el número de oscilaciones por segundo que llegan a un receptor. Cuando el emisor y el receptor están en movimiento relativo, aparece una diferencia entre **la frecuencia** emitida por el emisor y la frecuencia recibida por el receptor; lo sorprendente es que **la velocidad de propagación** de este sonido es la misma (343,2 m/s), por ello, en el caso de que el medio esté en reposo, así como el receptor, se observa que la longitud de onda del emisor en movimiento, expresada por la distancia entre dos crestas, es menor en la parte que se aproxima al receptor y mayor en la parte contraria a ese movimiento. Esto se observa de manera práctica, en el sonido que produce un avión, que cuando viene en dirección hacia nosotros su sonido es más agudo; mientras que cuando se aleja de nosotros su sonido es más grave, manteniéndose **la velocidad** de ese sonido.

Aunque el periodo de emisión es el mismo T_f, el espacio que recorre cada cresta λ está relacionado con la velocidad del emisor, siendo esta longitud de onda más corta en el caso de acercarse y más larga en el caso de alejarse.

Esto se expresa por una fórmula muy sencilla:

$$\lambda = v\,T_f - v_f\,T_f$$

Que nos indica el cambio de longitud de onda y de frecuencia que se produce.

Pero existe otra realidad semejante y es la que se da en dos medios con índice de refracción diferente. En este caso, es la velocidad de propagación de la luz la que cambia, pero no se modifica su frecuencia, y esto se demuestra porque la longitud de onda en cada medio es diferente; se podría decir que al medirla esta se desplaza.

Existe una fórmula en óptica que relaciona el índice de refracción (n) y la velocidad (c):

$$n_2/\ n_1 = c_1\ /c_2$$

$$n_1 \cdot c_1 = n_2 \cdot c_2$$

$n_1 \cdot c_1 = n_2 \cdot c_2 = 1 \cdot c =$ a la velocidad de la luz en el vacío.

A su vez, otra fórmula nos indica que la frecuencia no se modifica al pasar de un medio a otro, pero sí se modifica la longitud de onda, expresada por:

$$\lambda = c/\nu$$

$$\lambda_1 = c_1/\nu$$

$$\lambda_2 = c_2\ /\ \nu$$

Si se analiza un rayo de luz que provenga de un medio, el cambio de longitud de onda proveniente del otro medio se observaría como un desplazamiento de la longitud de onda, y sería parecido al que se produce en el efecto Doppler cinético:

$$\lambda = \nu\ Tf - \nu f\ Tf$$

La frecuencia permitida en el caso de que un rayo pase de un medio a otro sería igual a la frecuencia del medio donde se experimenta, sin embargo, no ocurre lo mismo con la longitud de onda, lo que es debido a la modificación de la velocidad de propagación de la perturbación de un medio a otro. Este cambio de longitud de onda se observa por el desplazamiento de la longitud de onda y no de la frecuencia.

En el caso del efecto Doppler, que voy a denominar **cinético**, sería el periodo el que modifica la frecuencia de la onda, y en el caso del efecto Doppler que voy a denominar **estático**, sería la curvatura del medio la que perturba la velocidad y con ello la longitud de onda lumínica.

El **cambio de la cinética** del emisor en un caso y de la **composición del medio** en otro **hace que varíe la longitud de onda**, aunque las causas sean diferentes e induzcan a interpretaciones también diferentes.

Aceptando que el periodo de la perturbación se mantiene (frecuencia) ($1/\Delta t$), pero no su velocidad relativa (c_1 y c_2), esta diferencia incide en la variabilidad de la longitud de onda relativa, al estar esta variable relacionada con la «permisibilidad espacial» del medio y su relación con el desplazamiento (Δl).

Pero ¿qué ocurriría si existen dos emisores, uno procedente de un sistema de «curvatura r» e «índice n_1» y otro procedente de una «curvatura r'» de «índice n_2», si el experimento se hiciera en el sistema de curvatura r'? En este medio de curvatura r' me encontraría con dos ondas: la que procede de un emisor que está en el mismo medio que el observador y otra onda procedente de otro emisor que está en distinto medio que el observador.

Si expreso la ecuación de onda producida en el medio con índice n_1 su valor sería:

$$(x,t) = A \operatorname{sen}[\, 2\pi/\, \lambda\, (x\text{-}vt)]$$

Y la onda que se forma al pasar del medio n_1 al medio n_2. sería

$$y'\,(x'\,t') = y\,(x\pm \Delta x,\, t \pm \Delta t)$$

La onda tendría el valor en este medio n_1 con referencia a la primera y

$$(x,t) = \operatorname{sen}\,(2\pi/\,\lambda[\,(x\pm \Delta x - v(t \pm\Delta t)])$$

Supongamos un rayo de luz blanca emitido por una estrella con curvatura n_1, y es observado por un ser que está en un planeta de una estrella de curvatura n_2, si este ser hace incidir en un espectroscopio óptico la luz de la primera estrella y la compara con la luz procedente de la estrella en la que orbita, vería los mismos colores (misma frecuencia), pero descubriría que existe un desplazamiento de estos colores hacia la derecha o la izquierda, manifestación de la diferente longitud de onda.

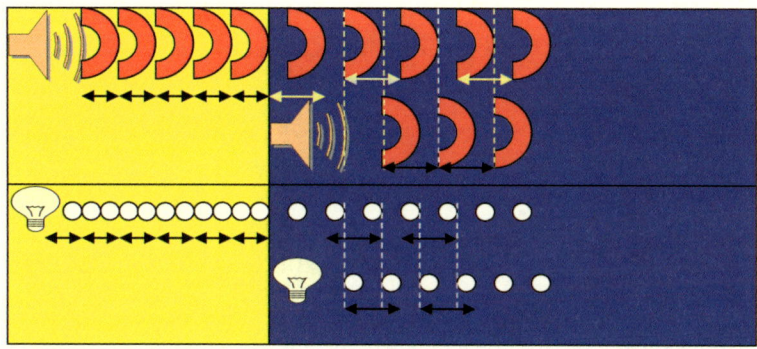

¿Llevaría esta proposición a analizar una extensión espacial universal homogénea pero **anisótropa**, en el sentido de que la velocidad de la luz es dependiente de la curvatura de cada sistema?

La posibilidad de la proposición anterior lleva a la viabilidad de un universo con diferentes índices de refracción, debida a las diferentes curvaturas de los campos que estos sistemas corticonucleares forman. Lo que ocurre es que esta proposición, desde el punto de vista actual sería considerada una herejía, es decir, que el espacio físico es una extensión anisótropa.

Desde que Platón hizo la abstracción de su *chōra* como receptáculo homogéneo e isótropo, más adelante ratificada por Newton en la concepción de su espacio absoluto (necesario para su principio de inercia), y en la física moderna confirmado por Einstein (para explicar la constancia de la velocidad de la luz en el vacío), el espacio universal se ha considerado una entidad isótropa.

Nadie se ha atrevido a desmentir este **principio cosmológico**, por ahora.

Como todas las grandes verdades, esta concepción encierra «parte» de razón, pero también depende de las premisas sobre las que se sustente. Si se quieren modificar los conceptos actuales, siempre intentando seguir dentro del más estricto rigor, habría que comenzar por cambiar aquellas cualidades que no se adaptan a esta proposición. Para intentar tan atrevida obra, lo primero que habría que analizar son los conceptos cualitativos de las magnitudes actuales, ya que los cuantitativos están perfectamente definidos.

La teoría de la relatividad especial explica este fenómeno. Einstein analiza al espacio como una entidad continua, homogénea e isótropa; basada, entre otras, en las relaciones del movimiento de la luz; él hace énfasis en que esta se traslada a la misma velocidad por un espacio vacío e isótropo, con independencia de que la luz sea emitida por un cuerpo en reposo o en movimiento.

Es aceptado que la luz que nos llega del exterior se traslada en el vacío con la misma velocidad. Pero ¿qué ocurriría si esto no fuera del todo cierto y si cada sistema natural tuviera su **propio índice de refracción**?, que voy a denominar **índice de curvatura**: la velocidad de la luz en cada sistema sería diferente, lo que daría lugar a que cada observador en cada sistema mediría una longitud de onda distinta, al compararla con la longitud de onda de la luz de su propio sistema, como ya se ha analizado.

Este cambio de longitud de onda se describe, en la actualidad, por el efecto Doppler cinético, que se interpreta como un desplazamiento hacia el rojo que es producido por un cuerpo luminoso que se aleja; mientras que un cuerpo luminoso que se acerca se observa como un desplazamiento al azul, en el que se basó Hubble para explicar la expansión del universo.

Nunca se ha analizado este fenómeno por la «**actividad del medio en el que se emite**», ni en «**el que se recibe**», ya que se considera este medio homogéneo e isótropo, como ya he expuesto. Esto explicaría que el desplazamiento de la luz emitida por las galaxias sería debido a la luz procedente de las galaxias más antiguas y, por tanto, más másicas y con mayor curvatura y, en cierta forma, más distantes, y que según este postulado se dirigirían «hacia un centro preferencial nuclear universal», ofreciendo un corrimiento al rojo al analizarla desde las galaxias neoformadas como la nuestra, pero no por «expansión» sino por «concentración».

Este postulado también podría ser explicado por lo que he llamado cronicidad y esta cronicidad por el concepto de tiempo y su relación con la curvatura.

Un ejemplo sería el de un pez inteligente einsteiniano, que fuera capaz de fabricar un reloj, por ello lo fabricaría tomando como referencia (cronicidad) la velocidad de la luz en el agua (c_w), donde este «tiempo acuático» (t_w) sería igual $t_w = c_w \cdot s$; pero su cronicidad sería diferente al fabricado por el animal aéreo, ya que tomaría como referencia la velocidad de la luz en el aire, cuya expresión sería $t_a = c_a \cdot s$. Ahora bien, si comparáramos los tiempos que ambos muestran en sus relojes, se verá que no marcan tiempos iguales, lo que lleva a otra sorpresa, como es que sus sensaciones son diferentes: el pez observa que las distancias acuáticas son más largas que las medidas en el aire, y al hombre le ocurriría lo contrario, es más, comparando los tiempos el pez creería que se hace más anciano y que vive menos tiempo que el animal aéreo; ocurría algo semejante a lo expuesto por la física einsteiniana, pero en vez de estar estos hechos relacionados con la velocidad, estarían relacionadas con la curvatura-cronicidad del sistema.

Esta observación lleva a otra, que la longitud de onda de los fotones que nos llegan a la Tierra y que provienen de curvaturas más centrales que en las que ahora vivimos (nuestro presente), ya que se formaron «antes que», la longitud de onda se desplazaría hacia el rojo según el efecto Doppler estático, ¿esto explicaría que el universo que nos rodea no se expande como propuso Hubble, sino más bien que **se formó antes** que nuestro **actual** sistema galáctico? Esto podría cambiar la concepción actual del universo.

El haber profundizado en este proceso nace del estudio de las estructuras naturales, así como de los descubrimientos de los fenómenos naturales siguiendo la teoría de la relatividad y de la mecánica de los microsistemas; y se podría resumir en los siguientes puntos:

Primero: Los sistemas naturales están formados por entidades extensas, que por su disposición se pueden expresar como núcleo y corteza.

Segundo: Esta disposición es debida a la existencia en cada extensión de una actividad interna propia que denomino tensor, causante de la forma y deformación de las extensiones que, además de tener actividad propia, también interaccionan la una sobre la otra.

Tercero: Para que estas extensiones «se deformen», con anterioridad a esa deformación deberían tener una forma propia (tensor según su naturaleza). Este tensor también se pone de manifiesto cuando «cesando» la actividad deformadora de la otra extensión, vuelven a la forma primitiva. Lo que conduce a considerar a estas extensiones como entidades elásticas.

Cuarto: La deformación es debida a la actividad entre estas extensiones, y sigue el principio universal de reciprocidad, el cual dice: toda extensión que actúa sobre otra, deformándola, a su vez, ella podría actuar deformando a la extensión que la perturba.

Quinto: Toda extensión elástica tiene un límite de elasticidad que, si se sobrepasa produce la **rotura de la extensión**, pasando de ser entidades continuas a entidades discretas (fragmentos), lo que se traduce en un **aumento de la superficie total** del sistema donde se produce la rotura.

Sexto: Estos fragmentos se desplazan por la región neoformada formando microsistemas hasta llegar a un estado de equilibrio, que denomino equilibrio termodinámico, llegado al cual se disponen según su naturaleza, dando lugar a un nuevo sistema en capas, estas capas dan lugar a una nueva actividad que he denominado de **actividad de curvatura**.

Séptimo: El sistema responde a esta nueva actividad de curvatura desestructurando las microextensiones de los microsistemas, y estos nuevos fragmentos tienden a llegar a otro estado de equilibrio, que es el lugar que le corresponde según su naturaleza: los micronúcleos discontinuos a un nuevo núcleo continuo y las microcortezas discontinuas a una nueva corteza continua.

Octavo: En este proceso, estos fragmentos actúan en la corteza continua neoformada que, al ser elástica, da lugar a una deformación curva que puede ser cóncava o convexa, según la naturaleza del fragmento; esto a su vez produce **una perturbación** que se trasmite en forma de onda, la cual coincide con una fluctuación producida dentro de esa extensión, debida a la acción perturbadora y la reacción tensora de la forma.

Novena: La **actividad interna** de estas microextensiones las lleva a fusionarse en dos nuevas entidades continuas que ocupan un núcleo y una corteza de un nuevo sistema universal, que por la tensión por conseguir «ocupar su lugar» darían como consecuencia un nuevo ciclo de fraccionamiento, cerrándose el ciclo.

Si bien las leyes físicas no varían de un lugar a otro del universo como propuso Galileo y fue confirmado por Einstein, lo que se resumiría en que «no ocupamos ningún lugar privilegiado en el Cosmos», los parámetros de posición-composición podrían indicar que este universo sigue una evolución de fragmentación-agregación-fragmentación marcada por su propia naturaleza, y que por ello esta evolución podría ser cíclica.

Esta propuesta heurística la hago como una demostración lógica que nace de analizar los fenómenos desde otro punto de vista.

Apéndice:
Correlación entre esta exposición
y las filosofías antiguas

De la capacidad de disponerse las extensiones naturales, auspiciada por la filosofía helena, a la capacidad elástica y su facultad de fragmentarse, propuesta por la filosofía china

Una vez analizados los procesos comentados en esta exposición, descubrí que estas ideas estaban relacionadas con las antiguas filosofías tanto occidentales como orientales.

La concepción de un universo formado como un sistema, con un núcleo y una corteza, era sospechado por la filosofía griega, siendo Platón y posteriormente Aristóteles los que ofrecieron una estructura a «su universo» explicándolo como un sistema natural, o conjunto ordenado, relacionado con su disposición-composición. Si bien lo hicieron desde un punto de vista falible, sin embargo, tomado en su conjunto se descubre que ellos quisieron expresar a los conjuntos naturales como entidades extensas formadas por extensiones de diferente naturaleza que seguían o tendían a un orden geométrico determinado por ellas mismas, expresado por una forma: la esfera, en la que, dentro de ella, existía una estructura constituida por partes, expresadas por una central o núcleo al que le rodeaban capas esféricas, donde cada una de ellas correspondía a su naturaleza, dando lugar a una unidad orgánica entre la forma y el contenido (el universo), en cuyo análisis se descubre una relación entre las partes. En el caso de Platón representa al universo como una esfera con una parte central constituida por una entidad elemental llamada fuego, al que le rodea la antitierra, seguida por la Tierra, formada por los cuatro elementos conocidos, situados en cuatro zonas distintas en función de su peso, el elemento tierra a la que sigue el agua, el aire y los cuerpos celestes conocidos. Si bien esta concepción fue modificada por Aristóteles, con respecto al orden de colocación, poniendo en el centro el elemento tierra, al que le sigue la hidrosfera, el aire representado por la atmosfera, al que le sigue el fuego y los cuerpos celestes la Luna, Mercurio, Venus, el Sol, Marte, Júpiter y Saturno y las estrellas fijas.

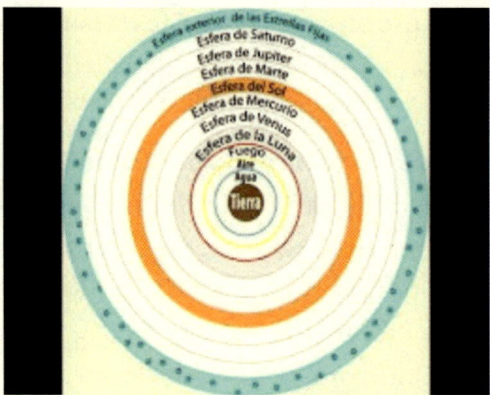

Aunque estos modelos se demostró que eran falsos, encierran un pensamiento más profundo expresado por la **disposición, constitución y su forma geométrica**, nacidos de concepciones procedentes de observaciones profundas de fenómenos naturales, y su relación con los cambios que se producen, que indirectamente llevarían a un determinismo inherente entre naturaleza y disposición, como ya he expuesto, donde una extensión llamada núcleo ocupa o trata de ocupar el centro de los sistemas naturales, y otra llamada corteza ocupa o trata de ocupar la corteza de estos sistemas.

Por otro lado, otra de las estructuras que mejor representarían lo anteriormente expuesto sería el símbolo oriental del Ying y del Yang.

En la representación del ying y el yang, se puede observar una «forma»: una superficie circular, que podría representarse también como una esfera, ocupada por dos extensiones que se ubican en dos posiciones diferentes y contrapuestas, lo que sería una manera sencilla de expresar la esencia de dos naturalezas diferentes (negro y blanco), en donde lo primero que llama la atención, es que, entre estas dos naturalezas se encuentra una línea de separación representada, no por una línea recta sino por una línea ondulada, que es la mejor manera de expresar que ambas extensiones interaccionan entre sí, como si una quisiera «penetrar sobre la otra», en el sentido de que una deforma a la otra; esta actividad recíproca se ve simbolizada por la capacidad de fragmentarse, expuesta por la presencia de dos corpúsculos o círculos, uno de color negro dentro de la extensión blanca y otro de color blanco en un medio extensivo negro, que representarían una discontinuidad de las dos extensiones continuas de las que proceden.

Como este símbolo, mi exposición expresa, primero, la existencia de dos extensiones diferentes, que denomino núcleo y corteza, como un hecho observable en los sistemas naturales; el segundo símil sería que estas dos extensiones poseen tensores internos, capaces de actuar entre ellos por tender a ocupar una posición; esta interacción sería también la responsable de la fragmentación de una entidad continua en otras discretas, origen de un sistema formado por partículas.